中英工业设计发展历程轨迹比较研究

李朔 著

中国纺织出版社有限公司

内 容 提 要

中英两国的现代工业设计均经历了一条坎坷不平的发展道路，然而结果却截然不同。在工业化和现代化起步阶段，英国对中国工业化的萌发有着巨大的影响力。中英两国相似的近代社会结构，以及对手工艺的重视，对传统的尊重与延续，对古老历史的认同，构成了两国比较的基础和本书研究思路的起点。

本书以"启"（启始阶段的萌发）、"承"（文化的承继）、"转"（经济的转型）、"合"（适合性的发展）为出发点，通过对中英两国工业设计发展历程轨迹的通览，比较工业设计处在四个历史阶段下，在不同的社会背景、经济形态、文化思想的生存土壤中，其发展所呈现的共性与异质特征，分析各自设计现象背后的内在逻辑、特殊性和缘由，进而总结出所存在的差异和问题。重点就起始阶段的自觉性差异问题，机械化进程中对待工业文化的态度差异问题，电气化阶段"质"变与"量"变的差异问题，信息化阶段工业设计观念高低的差异问题进行分析论证。这对于借鉴历史的经验教训，由此把握工业设计的未来，具有一定的现实意义。同时有助于读者逐步达到"以史为鉴，明正现实"的学习目标。

本书适宜高校专业师生及相关研究者使用。

图书在版编目（CIP）数据

中英工业设计发展历程轨迹比较研究 / 李朔著 . --
北京：中国纺织出版社有限公司，2020.9
ISBN 978-7-5180-7538-6

Ⅰ.①中… Ⅱ.①李… Ⅲ.①工业设计－历史－对比研究－中国、英国 Ⅳ.① TB47-092 ② TB47-095.61

中国版本图书馆 CIP 数据核字（2020）第 108431 号

策划编辑：华长印　　责任编辑：阚媛媛
责任校对：寇晨晨　　责任印制：何　建

中国纺织出版社有限公司出版发行
地址：北京市朝阳区百子湾东里 A407 号楼　邮政编码：100124
销售电话：010—67004422　传真：010—87155801
http://www.c-textilep.com
中国纺织出版社天猫旗舰店
官方微博 http://weibo.com/2119887771
北京华联印刷有限公司印刷　各地新华书店经销
2020 年 9 月第 1 版第 1 次印刷
开本：710×1000　1/16　印张：12
字数：175 千字　定价：98.00 元

前言
Preface

　　工业设计根植于工业化的土壤，其发展的趋势总是与工业化进程同步。中国在经过改革开放40年的跨越式发展后，逐步追赶上西方发达国家的步伐，使我国工业化中后期与其信息化阶段达到历史交汇。在这样的境遇下，我国与西方发达国家的发展轨迹重叠，几乎站在同一起跑线上，面临着工业化和信息化的同时进行与融合发展。但不容乐观的是，在我国，工业设计赖以生存的工业化土壤并未完全成熟，前一阶段的急促生长导致中国基础产业发展存在断层，工业设计缺乏一个充分展开的时间而仓促进入下一阶段，基础相当薄弱，仍然处在价值链的中低端，没有形成完整的社会型产业链，存在着填补空缺、引进、模仿、制造、价格低、同质化的加工型现象。在参与全球市场竞争时，无自主知识产权的核心技术和产品的研发仍然是发展的屏障，工业文化意识并没有在整个社会运行机制中积淀和成熟。然而，进入21世纪后，西方国家的经济重心明显开始从粗放型到集约型、从传统型到创新型、从工业经济向知识经济发展转移，以技术、设计创新、文化软实力等为特征的智慧与创新资源逐步取代物质资源在发展中的决定性作用。此时，中国赖以制胜的成本优势在不知不觉中烟消云散，长期形成的出口导向和粗放型发展模式已经难以为继，这给我国制造业和工业设计发展提出了严峻的挑战，从制造到"智造"该如何发展是我们亟须解决的问题。

　　如今，工业设计成为国家经济转型升级的利器和企业创新的重要智力资源已是普遍共识。西方很多发达国家都高度重视现代设计产业尤其是工业设计的发展与创新，并将此课题提升至国家发展策略和战略目标的高度。而今天的中国已不能简单地复制历史，工业设计需要探索出契合我国当代社会、经济、技术发展的存在价值和生存空间。在这样的情况下，学习和借鉴西方发达国家设计产业的成功经验，吸取其教训，分析我们之间的差异，找到我国工业设计发展历程中存在的问题就尤为重要。并且，要对其发展历程中存的诸多问题和各种弊端，以及更深层次的根源进行探讨和分析，更清醒地认识和把握其优势和劣势，就需要一个可以比较的参照系。

中英两国的现代工业设计均经历了一条坎坷不平的发展道路，然而结果却截然不同。同时，在工业化和现代化起步阶段，英国对中国工业化的萌发有着无法替代的影响力。除此之外，相似的近代社会结构，对手工艺的重视，对传统的尊重与延续，对古老历史的认同，以及中英文化思想的保守主义倾向，构成了两国比较的基础和研究思路的起点。

目前，国内外关于工业设计发展的研究，较多集中在工业设计史、工业设计实践、产品战略及其理论上。相比国外的研究文献而言，国内关于工业设计的文献比较缺乏，研究多以欧美等国家工业设计史的全面论述为主，或是很少一部分关于中国近现代工业设计的学术文献散见于工艺美术史、艺术设计史、"断代类"的近现代设计史中。从国内检索出该领域文献的数量和质量、专题研究的深入程度等状况可以看出，学界关于近现代工业设计发展历史的研究存在不足，没有形成体系。对于中国工业设计发展历程中出现的种种问题尚未提出明确的论述和全面的解析。并且，在过去的很多设计研究中，偏重于对中国或西方两个独立的对象进行考察，较少对不同社会进行比较研究，仅有以中西比较为主的比较美术史、设计史，并不主要涉及某个具体的对象，对中西的研究也显得过于笼统，缺乏深入具体的探讨。这样不仅无助于研究视角的拓展，还可能减少立论和论证的说服力。因此，本书选取工业设计发展具有典型性的中国和英国作为两个具体明确的对象，并借鉴"比较文学"的研究范式，采用平行比较的研究方法，对中国和英国两个不同社会的工业设计发展历程轨迹，进行客观地互照、互对、互比、互识，察同辨异和分析论证，从而使比较研究的结果更为准确。

具体来说，本书以"启"（启始阶段的萌发）、"承"（文化的承继）、"转"（经济的转型）、"合"（适合性的发展）为出发点，并对本书研究的时间进行界定，参照工业革命发展轨迹与工业4.0的概念划分，将工业社会按照技术演进概括为肇始、机械化、电气化、信息化四个递进发展的阶段。通过对中英两国工业设计发展历程轨迹的通览，比较工业设计处在四个历史阶段下，不同的社会背景、经济形态、文化思想的生存土壤中，其发展所呈现的共性与异质特征，分析各自设计现象背后的内在逻辑、特殊性和缘由，进而总结出所存差异和问题。重点就起始阶段的自觉性差异问题，机械化进程中对待工业文化的态度差异问题，电气化阶段"质"变与"量"变的差异问题，信息化阶段工业设计观念高低的差异问题进行分析论证。

首先，中英工业设计初始阶段存在着自发和触发的巨大差异。正是这种自觉性的缺失，使中国工业设计长期以来得不到重视，进而在后来的工业化进程中一直处于比较落后的地位，这种情况直到今天也没有得到根本性改变；其次，在机械化进程阶段，中英对待工业文化的态度存在着不同的视角，英国"修正性"的人文思想与中国"防御性"的民族主义形成了鲜明的对比。虽然英国的这种反思精神暂时阻碍和延缓了英国工业设计发展的进程，但却使其设计始终受到以道德关怀为核心的人文主义理念的影响。而由于反思和反省精神的缺乏，中国对外来工业文明采取一种逆来顺受的态度，这种麻木却从根本上阻碍了工业设计的进程；再次，在电气化阶段中，中英工业设计发展出现"质"变与"量"变的差异问题。此阶段中，中国的后发优势逐渐显现，相比之前工业设计获得了迅猛的发展，瞬间由机械化设计过渡到电气化设计的阶段，高技术风格一下风靡开来。而英国工业设计在某种意义上是机械化到电气化的延伸和扩展，更多的是一个循序渐进的量变过程；最后，发展到信息化阶段的英国设计观念已经相当成熟，而中国还是一个处在发展中的观念，设计产业还比较年轻。前一阶段的急促生长导致中国基础产业发展存在断层，同时工业设计缺乏充分展开的时间，基础相当薄弱，诸多问题亟待解决。一方面，本书力图通过对比研究各阶段两国差异背后所体现出的优势和劣势，找到英国对于中国工业设计发展的影响和启示，以及有价值的参考，尽量避免在今后的探索中走弯路，并以此启发当代中国工业设计创新发展的思路。另一方面重新梳理中英两国近现代工业设计发展的历程，对中国工业设计"断代史"理论研究作补充和完善。同时以论带史，关于两国工业设计发展历程轨迹的比较分析研究，是在新的视角下对中国近现代工业设计发展历史的重新阐述，具有一定的理论价值和现实意义。

李朔

2020年5月1日

目录
Contents

第 1 章　绪论 / 001

1.1　研究的缘起 / 001

1.2　"平行比较"研究方法选择的依据 / 007

1.3　研究的背景 / 008

1.4　研究目的和意义 / 011

1.5　相关研究范畴的界定 / 014

1.6　国内外相关研究综述 / 018

1.7　研究内容与方法 / 029

1.8　研究的创新点 / 033

1.9　拟解决的主要问题 / 034

第 2 章　肇始阶段中英工业设计的自觉性差异 / 035

2.1　英国工业设计的"内生化"过程 / 035

2.2　中国工业设计的"外源化"发展 / 051

2.3　起始阶段中英工业设计肇始方式的差距问题 / 068

2.4　本章小结：自觉性差异对中国工业设计发展的启示 / 071

第 3 章　机械化进程阶段中英对待工业文化的态度差异 / 072

3.1　英国机械化进程中本土文化对工业文化的态度 / 072

3.2　中国机械化进程中本土文化对工业文化的态度 / 087

3.3　机械化进程阶段中英对待工业文化的态度差异问题 / 100

3.4　本章小结：中英对待工业文化的态度差异对
中国工业设计发展的启示 / 103

第 4 章　电气化阶段中英工业设计"质"变与"量"变的差异 / 105

4.1　电气化阶段英国工业设计的扩展和延伸 / 105

4.2　电气化阶段中国工业设计的突破和飞跃 / 123

4.3　电气化阶段中英工业设计发展"量"变与"质"变的差异问题 / 139

4.4　本章小结："质"与"量"的发展差异反映出的中国工业设计问题 / 143

第 5 章　信息化阶段中英工业设计观念高低的差异 / 144

5.1　信息化阶段英国工业设计的产业转移 / 144

5.2　信息化阶段中国工业设计的产业转型 / 155

5.3　信息化阶段中英工业设计观念高低的差异问题 / 163

5.4　本章小结：中英工业设计观念高低的差异反映出的
中国工业设计问题 / 166

第 6 章　结论 / 167

6.1　基本结论 / 167

6.2　研究的不足与展望 / 169

附录　相关图表 / 173

1.1 研究的缘起

中英两国的现代工业设计均经历了一条坎坷不平的发展道路，然而结果却截然不同。英国工业设计在20世纪80年代之后的发展历程中超越传统完成变革，将劣势转化为优势，形成了自己独特的设计风貌。中国作为当代设计的后起国家，并没有在前人的基础上获得后发优势，在模仿和改良的发展道路上裹足不前。这样的疑问成为选题的缘起和研究思路出发点。同时，在工业化和现代化起步阶段，英国对中国工业化的萌发有着巨大的影响力。除此之外，相似的近代社会结构，对手工艺的重视，对传统的尊重与延续，对古老历史的认同，以及中英文化思想的保守主义倾向，构成了两国比较的基础。加之笔者从2002—2008年在英国学习设计，对当地的设计和设计史有比较深入的了解，并始终关注英国工业设计发展进程，因此期望通过这种比较研究，揭示中英两国工业设计差异背后的深层原因，更清醒地认识和把握中国工业设计的优势和劣势，使英国工业设计发展的经验教训对中国当代工业设计有一定的启迪和参照作用。选题将英国和中国作为比较研究的对象，主要基于以下考虑。

1.1.1 中英工业设计发展历程的"相似"之处

中英工业设计发展之路经历了不同的曲折，均走了一定的弯路，但结果却不尽相同。英国作为工业化、现代化起步最早的国家，是现代意义工业设计的发源地。但是伴随着英国工业经济发展的辉煌与没落，其工业设计发展道路却曲折渐进。英国经济的衰落从19世纪末期开始，两次世界大战加快了这一趋势，其世界霸权的地位丧失，国际上的影响力下降，某些工业部门开始衰落；国际市场上的竞争力下降，被美国和德国赶超。但是英国的衰落从总体上来说是相对的，进入20世纪，英国总体经济实力和增长速度都超过了其历史上的任何时期。对于英国衰落的根源，历史学家和经济学家都对此做了大量的研究和分析。首先，英国作为第一个开始工业化的国家，其工业制品在市场上享有垄断的地位，但随着欧美其他国家先后走上工业化的道路，增加了英国工业制品国际市场竞争的压力。其次，在第二次技术革命时，英国背上了传统产业的技术包袱，没有把最新的科技成果转变为生产力，而后起的国家却快速采用最先进的技术成果发展新兴产业。随着消费结构和需求结构的变化，英国没有及时调整产业结构以适应外界的变化和满足市场的新需求，长期过分依赖传统产业，导致结构性矛盾阻碍了经济的发展。同时，英国在研究开发方面落后于其他竞争者，虽然其比较重视基础科学研究，在科研和技术发明方面有一定的优势，但在科技成果转化为生产力和创新活动方面相对落后。另外，英国根深蒂固的传统文化导致其工业精神的衰落，贵族文化消极因素的不良影响，使企业家缺乏竞争意识和进取精神。英国工业资本家虽然在19世纪创造了物质文明，取得了政治权力，在经济上占据了社会的中心地位，但并未使工业资产阶级的价值观在社会上占据支配地位，反而屈从于绅士文化和贵族价值观，崇尚经济的稳定而非更快的发展。学者们列举的原因还有很多，正是这些方面综合作用的结果使英国工业经济出现相对衰落的局面。

工业设计伴生于工业化的发展同样也"走走停停"。经过百年工业革命之后的英国已形成了比较发达的工业文明。从农业经济向工业经济的升迁，机器生产对手工业生产的替代，是一种发展和进步。然而这种进步却包含着较多的成本和代价：机器的生产方式与日常生活机械化、劳动分工、商业经济、环境生态以及对生命的关怀等诸多工业文明的缺憾，受到手工艺运动思想家的反思与批判。手工艺运动的先行者们做出了尝试和富有创造性的探索，试图追求一种以人为本的绿色文明和持续发展的人文主义观念，在技术与艺术的整合中发现一种道德力量。手工艺运动发展到莫里斯时期，思想家们已经能够较科学地面对工业文明的现实状况，从而比较客观地面对机器工业与手工工业的辩证关系。工业化是历史发展的趋势，如何使手工业与机器工业的对立关系发展为融合共生，消除艺术与技术的鸿沟，是推进人文主义复兴的有效途径。虽然手工艺理念发展到后来逐渐发生了变化，但是令人遗憾的是，由于身陷中世纪的文化域限，"回归传统"更多的是一种心灵的乌托邦，当然它确实对工业化发展起到了人文主义修正的作用。所以，虽然手工艺运动使英国现代设计的发展推迟了100多年，使工业设计发展的进程走了弯路，但后来的英国工业设计始终受到以道德关怀为核心的人文主义理念的影响。其深厚的底蕴使劣势转化为优势，使设计始终保持较高的艺术水准，保持着和手工艺与艺术的天然联系，从而避免了美国式冷硬的现代主义。在某种意义上，这种"弯路"对英国工业设计发展来讲反而成为一件好事。进入80年代的后现代时期，英国转变发展方向，将重心由制造业转向服务业，目标是发展设计创意产业，成为从工业经济向知识经济转移的先导国家。同时把设计创新作为国家工业前途的根本，倡导设计促进经济发展，以通过设计创新来提高国家竞争力。将其纳入国家整体发展战略之中，制定工业设计振兴政策，逐渐形成了比较完善和成熟的设计创新体系和设计服务产业。所以，虽然英国此前工业设计发展并不顺利，但是其后发优势却使其和欧美国家并肩而居。

　　中国工业化道路的崎岖历程以及工业设计发展所走的弯路，其原因主要来自外部因素的影响。西方资本主义渗透和帝国主义侵略，使中国工业化发生道路不是自然过渡，而是在外力作用下的"扭曲"和"断裂"，造成了中国工业化进程中殖民主义与反殖民主义的矛盾，资本主义新的生产方式与中国古老的农副结合的生产方式的矛盾，以及西方文化为核心的现代工业文明与儒家文化为核心的华夏农耕文明的矛盾。这些矛盾均使工业化进程变得复杂和困难。19世纪下半叶至20世纪初，从洋务运动经过维新运动到立宪运动，是中国工业化的初始阶段，是在旧王朝体制下自上而下的资本主义改革探索时期。从辛亥革命至1949年，伴随着内忧外患的加剧、半殖民地半封建加深，中国工业化探索处在一种游离的状态，在夹缝中断断续续地前行。虽然民族工业初露萌芽，发展缓慢，但是长期受到外国资本的打压和控制，刚刚建立起来非常薄弱的基础在日本侵华战争后再次中断，工业化发展势头又一次衰弱。此时期，随着与西方国家交流的扩大，我们的认识也随之提高，艺术设计有了一定的发展，但最终没有建立独立的专业体系。新中国成立以后，国家才逐渐在政治统一与社会稳定的发展态势下，开始探索工业化新的发展道路。起初，我国按照苏联的发展模式，建立起了重工业体系，然而轻工业和商业发展却严重滞后，产业结构的不平衡导致了艺术设计这一时期在发展方向和认识上产生了偏差，加之"文化大革命"又进一步打击和阻碍了其发展。真正意义上设计理念的引入是在改革开放以后，新的经济形态为设计发展提供了动力，工业设计才正式开启新的篇章。所以说，中国工业体系的建立和发展经历了曲折的变化过程，与中国的历史变迁紧密相连，由于长期处于内外环境的影响与干扰之中，历史发展的连续性不断被打破，其过程充满了尖锐的政治斗争和文化冲突。

　　与之相伴而生的工业设计，在这样的土壤中发展自然也辗转曲折。这与中国近现代社会政治、经济、技术和文化等领域遭到西方列强入侵后，发生的深刻历史变革有着必然的关系，与工业化发展状况密不可分。半殖民地半封建社会的旧中国，远远不能为近代工业和设计的发展提供有利的外部环境，中国工业化从技术、制度到文化、思想上准备不足加剧了这种"被动性"和"依附性"，从而导致中国近代工业设计在起步阶段就"先天不足"。正是这样的历史让封闭的旧中国相较于西方认识工业设计的时间整整晚了一个世纪，起点的落后，发展的被动，使工业设计走了弯路。相较于英国工业设计所走过的弯路，中国工业设计在其自身的发展进程中，其弯路是没有根据社会现实筛选来吸纳西方的设计思想，在全盘西化的过程中抛弃了本民族的设计遗产。"拿来主义"使我们在盲目接受西方设计思想、理论和方法的同时，却没有将其充分地展开，从而失去了研究和建立具有中国特征的设计与独立专业体系的机会，结果导致中国工业设计发展历程在相当长的历史时期内处于尴尬境地，始终在模仿中徘徊不前。因此，针对英国工业设计如何把它将劣势转化为优势的这一发展历程，作为中国当代工业设计发展的参照，是本研究思考问题的起点。

1.1.2　英国工业设计对中国的影响

中国和英国有着特殊的历史渊源，在工业化起步阶段受到英国的影响颇多。对于中国来说，英国是最早出现在面前的国家，也是迫使中国打开国门的第一个国家，对此我们抱着复杂的心情。这种复杂的心情说明英国对于中国的特殊作用，在工业化和现代化起步阶段，英国对中国工业化初生有着无法替代的影响力。从以英国为首的八国联军侵入中国开始，英国的技术和文化也随着炮火一同进入中国。情愿与否并不重要，随着条约口岸的增加，英国传教士和外商大量涌入中国，改变了中国原有的社会习俗和传统秩序，某种程度上扩大了中西之间的交流。

早在1843年，英国伦敦会就在上海创建墨海书馆，专门翻译出版各种西方科学技术的书籍，使中国对西方近代科学知识的引进和介绍达到了一个新的水平。英国传教士麦都思、伟烈亚力、艾约瑟、韦廉臣成为此时期介绍西方文化成就和科技成果的代表。他们翻译出版的科学著作，为近代科技著作翻译树立了标准，对后世产生了巨大的影响。洋务运动中清政府最大的科技著作翻译机构——江南制造总局翻译馆，所翻译的有关译著，在名词术语上都沿用墨海书馆的译书。主要译著在清末大都一再翻刻，流传极广。早期的翻译书籍虽然不直接与工艺学科相关，但在以研究世界基本特征与规律的科学领域中，为之后的工艺变革打开了新的视野。1868年徐寿、黄蘅芳与英国学者傅兰雅（John Fryer）❶等人合作，运用图说的译介方式先后翻译出《汽机发轫》《汽机问答》《运规约指》《泰西采煤图说》四部西书，内容包括自然科学和工艺技术。这些先行引入和翻译的西学著作"先声夺人"，对中国近现代文化观念的转变和新的价值体系的认同起到至关重要的作用。除此之外，此时期的

---

❶ 傅兰雅，英国人，1860年来华，先后执教于京师同文馆，上海英华书院、广方言馆，并任江南制造局翻译馆翻译。1875年，丁韪良、艾约瑟等人在北京出版的《中西闻见录》停刊，傅兰雅遂决定在上海创办《格致汇编》，以接续《中西闻见录》。《格致汇编》前后共出60卷，内容有自然科学、工艺技术、科技人物传记以及答读者问等，不载新闻，不涉及社会政治学说和文学作品。

英国工业技术人才引进对近现代中国工业的建立和发展也产生了重要的影响和推动力。江南制造局为火炮、炮弹和机器制造聘请专门的工程设计人才，如英国工程师约翰·柯温（John Cowen）、阿姆斯特朗炮厂的工程师麦金泉（Mackenzie）和柯尼斯（Cornish）、英国胡尔韦区军械厂技师裴兰氏（Mr.Bailey）、彭他、克勒斯蒂和勉伦等，他们的到来使早期工业制造和开发都有了明显改进和突破，这些英国工程师成为推动近代中国造炮技术发展的持久内动力。

同时，英国资本家随殖民侵略一同侵入，并在中国境内经营起各种近代工业。例如，船舶修造厂、加工工厂、各种轻工业和公用事业。19世纪中国航运业主要掌握在英国商人手中，这些船舶修造厂主要是英资经营的，如太古、怡和、祥生、耶松等船厂。加工工业如英商怡和行在汕头经营的机器制糖厂，在上海、汉口经营的制革厂。公共事业如上海大英自来火房、上海自来水公司以及上海电气事业等。由于这些早期殖民入侵的英国资本家，才迅速地将中国市场卷入世界资本主义流通范围，也正是英国的"殖民现象"使中国迅速进入工业化与现代化的发展轨道。中英这个特别的历史关系是本书将研究锁定于英国的另一个重要原因。

1.1.3 中国和英国在文化思想方面都具有保守主义倾向

英国的保守主义是一种稳重守成的力量。它并未一味顽固地反对进步，而是对变革的进程和方式持稳重态度。在政治家埃德蒙·柏克看来，传统是联系世代之间的唯一纽带。传统是传统，变革也是传统，因为变革是传统的再生，是传统在每一个世代之环节上的发展和沿袭，变革使传统延续，传统作为变革的依据而出现。英国强调传统并非否定变革，在传统与变革之间，他们偏向传统，但同时也承认变革。这就决定了他们特有的保守主义的思想架构。休·塞西尔认为，在英国保守主义思想架构中，进步和保守互为表里，进步带动历史，保守则抑制其发展速度。这两种看似矛盾的思想结合起来，才导致其合理的变革。在英国设计的发展进程中，设计师们保持了一种审慎的态度，变革本着尊重和重视传统的前提进行。

相似于英国的保守主义，传统的中国由于受自足的农业经济与强烈的血缘宗族意识影响，以及等级制度所产生的依附和遵从，铸就了中国人平稳求实的保守主义文化性格。逐步演化凝聚成了中庸和平的中华民族精神，并以"中"与"和"，或曰"中庸""中和"为价值原则和人格标准。何谓"中庸"，宋代理学家程颐认为，"不偏之谓中，不易之谓庸；中者天下之正道，庸者天下之定理"。朱熹又进一步解释说："中者，不偏不倚。无过不及之名；庸，平常也。"❶由此可知，中庸的核心观念便是思想行为的适度和守常。梁漱溟先生曾指出，中国文化是以自为、调和、持中为其根本精神的。张岱年先生则将中国文化的基本思想总结为四大要素，"刚健有为，和与中，崇德利用，天人协调"。❷由此可见，平稳守常与保守主义同是中国处理社会矛盾和变革时的态度。同时，对于传统的执着和尊重，也使中国工业设计始终保持着继承和改良的发展之路。

1.1.4　中国和英国均注重手工艺传统

英国的怀旧与传统情结使英国设计始终保持着对手工艺的留恋，对传统的偏爱；并一直都执着地坚持自己对于设计的信仰，自始至终体现出从莫里斯时代开始就始终追求的英国设计的诚实、正直、精良的优良传统，以及英国"优质设计"的属性。同时，多民族不同文化的融合与碰撞极大地刺激着创意的酝酿与萌生，使人们面对新兴事物保持开放与包容的态度。因此，设计既体现传统的文脉，又包含当下的意识与思考。

同样，中国有着悠久辉煌的手工艺文化传统，素具盛名的传统工艺，如陶瓷、玻璃、木工、金属工艺、染织和雕塑等，品种繁多，流派纷呈。它们融汇了中华民族特有的民族气质和文化素养。尽管伴随着社会转型、经济体制改革，以及文化建设的发展，传统手工艺的现代性创造逐渐被唤醒，已经逐步转向现代工艺，但是几千年的手工文化始终贯穿着中国"人造物"的发展，辅助现代产品设计共同推动人类生活方式的改变。

1.1.5　近代英国和中国具有相似的社会结构

英国的贵族阶级社会与过去中国的士大夫等级社会有着很多相似之处。英国社会就其本质而言是一个贵族社会，这有其历史的渊源。贵族作为一个社会阶层，给英国社会的政治、经济、文化和教育等烙上了深深的印记。英国的社会形态是一个金字塔式的结构，存在着工人阶级、中等阶级、贵族阶级三大阶级以及包含在这几大阶层中的六支社会力量。从近代开始，随着工业化和中产阶级的兴起，贵族的权力有所削弱，但直至20世纪初他们仍然控制着英国社会。英国人对传统的尊重，又反过来加强了这种权威的基础，虽然几百年来英国围绕旧制度进行过若干斗争和改革，但始终没有触动贵族制度，贵族精神也从来没有被否定，"向上流社会看齐"影

❶ 朱熹. 大学中庸论语 [M]. 上海：上海古籍出版社，1987：9.
❷ 张岱年，程宜山. 中国文化与文化论争 [M]. 北京：中国人民大学出版社，1990：17.

响着社会各阶层，并成为一种民族文化的心理积淀。

过去的中国社会是一种高度集中的权力结构，一元化巨型帝国金字塔式的结构。顶端是高度集中的绝对皇权，由政治权力控制经济权力。中层是一个庞大的由"俸禄"供养的文治官僚系统，即士大夫阶层，这一阶层受儒家思想熏陶，并享有一定特权，构成支持顶层皇权的强大支柱。下层是一个无比宽厚的底盘，由地主乡绅操纵的、家族本位的、高度分散的半自然经济社会。这种等级依附和遵从的社会结构以人伦为本，强调规范和遵从，带有强烈的保守倾向。士大夫阶层的文化价值标准影响着中国传统文化精神。

1.2 "平行比较"研究方法选择的依据

在过去的很多设计研究中，偏重于对中国或西方两个独立的对象进行考察，较少对不同社会进行比较研究，仅有以中西比较为主的比较美术史，设计史并不主要涉及某个具体的对象，对中西的研究也显得过于笼统，缺乏深入、具体的探讨。这样不仅无助于研究视角的拓展，还可能减少立论和论证的说服力。因此，本书针对工业设计发展具有典型性的英国和中国作为两个具体明确的对象进行研究，从而使比较的结果更为准确。

在进一步的研究中，采用平行研究的比较方法，是否合理，笔者在此加以详细说明。比较研究最早出现在国际文学研究领域，称为"比较文学"。它作为一门独立的学科，是19世纪70～80年代在欧洲正式诞生的。比较艺术学和比较设计学都是借鉴比较文学的研究范式。比较文学存在两个学派，一个是法国学派，一个是美国学派；一个强调影响研究，一个强调平行研究。法国学派提倡一种以事实联系为基础的影响研究，这一方法的理论依据在于，各国文学的发展都不是孤立的，而是相互影响的，因此又称为"影响研究学派"。如果说法国学派及影响研究注重考查各种文学现象的实证关系，那么美国学派及平行研究强调的则是将那些没有明确直接影响关系的两个或多个不同文化背景的文学现象进行类比或对比，研究其同异，以加深对研究对象的认识和理解，归纳文学的通则或模式。❶具体而言，平行研究注重对各国文学的内在联系、共同规律、民族特征进行比较研究，强调对文学作品的艺术特征和美学价值的发掘，使比较文学回归其文学研究的本位，避免了史学化的倾向；他们提倡"跨学科研究"要求通过对文学与其他学科的关系的考察来研究文学，有

---

❶ 乐黛云, 杨乃乔. 比较文学概论 [M]. 北京：北京大学出版社, 2014：206.

利于更好、更全面地把握文学的特点和文学的本质。❶美国学派的奥尔德里奇将没有直接事实联系的比较文学称之为"纯粹比较"，并充分肯定了平行研究的价值和意义。因此，本书选择英国和中国两个不同社会的工业设计发展进行平行对比，找到两国工业设计发展历程中共同的内在逻辑、内在规律和民族特征，研究其差异点，不仅具有"可比性"，而且是合理的和必要的。

1.3 研究的背景

工业设计根植于工业化的土壤，其发展的趋势总是与工业化进程的发展趋势同步，具有共时性。工业设计自正式作为一门学科引入我国至今，已有三十多年的历史，其内涵也随着工业化的不断深入而逐渐演化，从传统造物行为发展为合理生存方式的创造。正如柳冠中先生认为的，工业设计的根本宗旨是为人类创造一种更为合理的生存方式，从产业角度它是在批量生产的产业模式下各工种之间矛盾的协调者，是工业化产品系统中对需求、制造、流通和使用各环节关系的规划者；而从社会学的角度，工业设计则对工业发展中的各种问题从文化上予以修正，并将工业生产引入社会文化的大体系中。❷同时，工业设计的阶段性目标随着工业化的发展而不断变化。中国工业化的肇始是在西方巨大的影响下"被动"发生的，这种"被动性"和"依附性"，导致了中国近代工业设计在起步时就"先天不足"，出现严重的模仿倾向以及不合理的设计结构。但这种萌芽阶段的设计状态，推动了中国传统社会观念和价值体系的瓦解和重构，使中国工业设计逐渐从被动向主动地适应发展。新中国建立以后，国民经济尚未恢复，又经历了自然和人为的灾难，中国的工业生产一再受到遏制，但工业设计在不断的摸索中，进入一个相对自觉的建设性阶段，并在计划经济体制向市场经济体制转变的催化作用下，将设计目标以生产为导向转向以消费为导向。直到改革开放与西方现代设计的对接，中国的工业设计才得以复苏并进入理性的时代。此前相当长的历史时期是中国工业设计的酝酿和准备期，经过30多年跨越式发展，中国工业设计终于追赶上来。但不容乐观的是量与质却不能均衡递进，产品质量水平不高，导致市场竞争力不强，产品利润率较低，仍然处于价值链的中低端。工业设计赖以生存的工业化土壤也未完全成熟。进入21世纪后，世界经济发展的重心开始明显转移，各国都在探索如何从粗放型到集约型、从传统型到创新型、从工业经济向知识经济的发展过渡。物质资源在发展中的决定性作用正逐

---

❶ 乐黛云. 多元文化中的中国思想 [M]. 北京：中华书局，2015：172.
❷ 占炜. 中国近代工业设计史研究综述 [J]. 设计艺术研究，2014(2)：110–126.

步让位于以技术、设计创新、文化软实力等为特征的智慧与创新资源。❶与此相应的是工业设计活动也从服务于单一产品开发跃升为支持企业展开系统性和平台化的产品创新，其内涵更为丰富。工业设计成为综合运用各种学科的科技成果和知识，对产品的内容、功能、性能、结构、形态包装、服务等进行整合优化的创新活动。❷此时，中国赖以制胜的成本优势在不知不觉中烟消云散，长期形成的出口导向和粗放型发展模式已经难以为继，这给我国制造业和工业设计发展提出了严峻的挑战，从制造到"智造"该如何走是我们亟须解决的问题。

在工业经济发展的过程中，西方发达国家走的是一条先工业化后信息化的发展道路。而今天的中国，几乎站在与西方发达国家同一条起跑线上，已不能简单地复制历史，而是要探索出适应我国国情的新型工业化发展道路。并且，西方很多发达国家都高度重视现代设计产业尤其是工业设计的发展与创新，并将此课题提升至国家发展策略和战略目标的高度。作为产业的协调者、产品的规划者和文化的修正者，我国工业设计需要顺应新时期新要求，尽快找到契合当代社会、经济、技术发展的存在价值和生存空间。毕竟我们用30多年的发展时间追赶西方发达国家300年的历程，还需要相当大的努力和足够的积累，在这样的情况下，学习和借鉴西方发达国家设计产业发展的成功经验，吸取其教训，分析我们之间的差异，找到我国工业设计发展中存在的问题就尤其重要。

1.3.1 英国的产业演进轨迹和新的发展趋势给我们以启迪

英国作为从工业经济向知识经济转移的先导国家，其工业设计已完成技术能力和市场能力建设，并成功步入服务创新时期。尽管在此之前，英国工业设计由于其制造业和实体经济的不断下滑，曾一度没落。但英国最终转变发展方向，使其劣势转变为优势，将重心转向设计创意产业和设计服务业，并把设计创新作为国家工业前途的根本，倡导设计促进经济发展，通过设计创新来提高国家竞争力。同时，将其纳入国家整体发展战略之中，制定工业设计振兴政策、设立政府管理机构、搭建基础设施等，逐步建立了成熟和完善的设计创新体系和设计服务产业。英国发展设计服务业推动产业结构调整的成功经验，国家对设计产业的扶持政策，加快设计服务业发展的成功做法，都是值得我们学习和借鉴的。而中国正面临世界经济中新一轮的科技革命和产业革命，工业化和信息化的高层次深度融合是"中国制造"向"中国智造"转型的一个必经过程。工业设计作为国家经济转型升级的利器和企业创

---

❶ 王晓红,于炜,张立群.中国工业设计发展报告 2014[M]. 北京:社会科学文献出版社,2014:68.

❷ 王晓红,于炜,张立群.中国工业设计发展报告 2014[M]. 北京:社会科学文献出版社,2014:13.

新的重要智力资源已成为普遍共识。基于我国的制造优势和潜力巨大的市场空间，如何让制造业从生产型制造向服务型制造转变；如何将工业设计融入经济运营的完整产业链系统结构内，并将其向价值链中高端转移；如何提升自主创新与研发的能力成为国家和企业近年来的发展重心，是摆在我们面前亟待解决的问题。以英国为参照，对两国工业化进程中工业设计发展差异性比较分析，将有助于理解我国工业设计发展在不同历史背景下的特殊性。英国的经验和教训对于我国转型发展具有重要的借鉴意义。

1.3.2　工业设计成为国家经济转型升级的利器和企业创新的重要智力资源已成为普遍共识

工业设计是将创新与制造、工业链接起来的重要支点，进入信息时代的国际工业设计正在经历一场新的变革。在我国它还是一个新兴服务产业，发展并不成熟，但国家"十一五""十二五""十三五"规划纲要及政府工作报告都明确了要发展工业设计，这充分说明了大力发展工业设计产业是当前我国实现工业结构调整和产业升级的关键环节，是转变经济发展方式，提升制造业附加值的重要途径。●2015年以来，国家还连续发布《中国制造2025》行动纲领和《"互联网+"行动指导意见》为制造业发展的领域和任务、方式和途径进行谋划和指引，体现了国家发展新型工业化和创新工业设计的思路和观念。

1.3.3　工业设计学科成为带动设计学科知识转向与领域创新的重要力量

"工业设计"作为一门学科在20世纪70年代从西方国家引入，至今已经有40余年的发展历程。期间，政府、企业和设计工作者对工业设计的认识有了极大的变化。随着知识社会的来临与创新结构的转变，工业设计范畴随之扩展，由有形的设计扩展到无形的设计，由产品的设计扩展到交互的设计，由形态的、界面的设计到服务的、程序的设计。❷设计目标从过去以"遮丑"转向现代的"宜人"；设计地位从过去的后期"包装"转向现代的全过程设计管理；设计作用从过去的"美化"手段到现代的创新工具；设计手段从过去基于机械化到现代的融合自动化、信息化、数字化、网络化的综合；设计功能从过去解决单体设计到现代的满足系统与整合设计；设计发展也从关注设计方法到现代的注重设计策略。❸工业设计学科在技术文明的推动下

❶ 王晓红,于炜,张立群.中国工业设计发展报告2014[M]. 北京:社会科学文献出版社,2014:1.
❷ 中国高等学校设计学学科教程研究组. 中国高等学校设计学学科教程北京 [M]. 北京:清华大学出版社,2013:29.
❸ 王效杰,占炜. 工业设计:趋势与策略 [M]. 北京:中国轻工业出版社,2009:4-5.

成为引领世界各国生产与生活方式变化的重要创新领域。2011年，在国务院学位委员会印发的《学位授予和人才培养学科目录（2011年）》中，设计学与文学、工学、理学、管理学等其他12大学科门类并列，"设计学"则由原来的二级学科"设计艺术学"更名并上升为一级学科。❶而工业设计作为设计学一个重要学科领域，近年来在我国发展迅猛并受到高度关注，成为带动设计学科知识转向与领域创新的重要力量。❷由此可见，教育界、学术界对于工业设计重要性的认识又一次得到升华。

1.4 研究目的和意义

1.4.1 研究目的

本书以史为鉴，针对不同时期同一阶段历史背景下，中英两国工业设计发展历程中所存在的差异作出比较。通过追溯各自工业设计的发展历程，广泛考察其在肇始阶段、机械化阶段、电气化阶段、信息化阶段的设计实践活动，并对此进行比较分析。追寻工业设计在不同政治背景、经济模式、技术条件和文化环境下的生存状态，梳理出中国和英国近现代工业设计发展阶段的本质差异，找到两国各自关键问题的内在逻辑，进而探讨差异性对中国的启示。反思当下中国经济产业转型工业设计的未来，以期通过差异比较能够给中国工业设计发展提供一个清晰的思路。

本书的主要研究目的概括为以下两点。

（1）重新梳理中英两国近现代工业设计发展的历程，对中国工业设计"断代史"理论研究作补充和完善

当前，中国的近现代工业设计的研究存在着巨大的空白。中国的设计史有着厚古薄今的倾向性，对传统工艺的研究远胜于对近现代设计的探讨。究其原因，一方面，工业设计史作为西方现代设计史的重要组成部分，是基于西方工业发达国家设计发展和工业化进程的轨迹为样本的历史解释。而西方工业设计于19世纪下半叶工业化初期就在英国孕育产生。与西方工业文明形态发生所不同的是，后起的工业化国家由于历史时间的错位，并不能自然地由传统农业社会向工业文明社会和后工业文明社会逐步过渡。工业革命的缺席，导致了中国错失两百多年的工业设计发展期。在这两百年间，西方的工业经历了革命性的发展，也自然而然地推动了设计的进步。我国特殊的国情导致工业化水平在起步和发展之初就远远落后于西方，这种落后不仅体现在时间

❶ 中国高等学校设计学学科教程研究组. 中国高等学校设计学学科教程北京 [M]. 北京:清华大学出版社，2013:序言.

❷ 中国高等学校设计学学科教程研究组. 中国高等学校设计学学科教程北京 [M]. 北京:清华大学出版社，2013:29.

的滞后、技术能力的低下，也体现在"人文性"思想和文化意识自觉性在工业化进程中的缺失。虽然80年代以来中国的工业设计得以迅速发展，但是两百多年的"断代史"带来的影响仍然是深远而巨大的。另一方面，中国近现代工业化进程中的设计发展是向西方学习，逐渐"西化"的过程，而"工业设计"作为一门学科是于20世纪70年代才从发达国家比较系统地引入中国，在吸纳的过程中交流和冲突并存，在此种情形下，"被动性"成为中国近现代设计发展历史中的显著特点。恰恰是这一时期的艰难转型，改变了中国传统的社会观念和价值体系，使中国的设计经历一场从被动到主动的适应过程，可以说对于之后的设计发展有决定性的影响。因此，应予以客观、公正的解读。通过对英国近现代设计发展轨迹的参照，找到中英两国之间的差异与差距，从而清晰呈现出中国工业设计发展的"断层"是必要和重要的。

（2）指出中英两国工业设计发展历程中的差异和问题，并作出分析，在对比研究的基础上探索中国工业设计发展之路

众所周知，工业化进程和现代意义的工业设计最早开始于英国，是工业设计理论、思想和实践等方面领先的"输出"国，但是英国工业设计发展道路却渐进曲折，并且最终落后于德、美、法等国，个中原因依然吸引着众多学者专家对此进行研究探索。由于生存土壤的不同以及机械化大生产起步比较晚，落后于英国百余年的中国工业设计走的是一条异于英国的工业化道路，一路走来同样步履艰难。如今，英国在制造业下滑、高层次的专业人员数量增多的情况下从工业经济向知识经济转移。而处在工业化后期的中国，正在经历从中国制造到中国创造的转型。尽管英国与中国有不同的发展模式，但对传统的尊重和延续、对古老历史的认同，以及工业设计在两个国家经济战略中扮演的重要角色有其相似之处。同时，为了研究视角的拓展，增加论证的说服力，对不同文明的考察和比较更有助于理解，使脉络更加清晰立体。基于此，以英国为参照进行比较研究是必要的。通过联系工业化进程中各时段的背景、条件，对两国工业设计发展的显著特征、关键问题加以分析，追溯两国工业设计产生及形成的起源，追寻其工业设计发展在不同经济模式、文化形态下的特殊生存状态，对各自发展阶段中成功与失败之处作出归纳，进而反思我国工业设计发展在不同历史背景下的特殊性和始终滞后的缘由，探索当下中国工业设计转型期的未来。同时，从我国工业设计发展的现实出发，立足于中国传统文化创新的深层内蕴，提出具有中国特色工业设计未来建设与发展思路。

1.4.2　研究意义

对中英两国工业设计发展的比较研究是在新的视角下对中国近现代工业设计发

展历史的重新阐述，本书试图打破纯粹以历史线索叙述的局限性，以各自历程中的差异问题为分析基础，呈现工业设计在不同生存土壤下的特征，这将有助于对我国工业设计产业发展思路的深入探讨。因此，作为有待进一步深入探索的课题，对其研究有着多方面的意义。

（1）可以完善和深化中国工业设计发展的理论研究

虽然中国的工业设计理念和方法是在改革开放后从发达国家比较系统地引进的，之前出现的百余年"断层"带来一系列问题和不良影响，但并不能否定近百年来中国工业设计的思想和实践。应予以客观、公正的解读，这将有助于完善和构筑中国工业设计史的版图。事实上，中国自清末民国就有对设计的早期探索，并且从未间断过，但迫于特殊的历史背景却难有作为。1949年新中国成立正式拉开了工业化建设的序幕，这在客观上对工业设计有一定的要求，自此我国正式有了工业设计的雏形，也自行仿制和改良设计出一些产品。但由于我国当时实行计划经济体制，对外开放度极低，产品供不应求，社会上对工业设计的认识比较模糊，实施的自觉性不够，工业设计还处于萌芽阶段。直至改革开放，工业设计才发生质的突破和飞跃，展现出一定的后发优势。而对于"断层"部分工业设计发展的思考和梳理是之前设计史研究所欠缺的，因而有必要对中国近现代工业设计发生、发展现象进行系统的梳理，反思其得失，并对问题进行深入分析。本书研究突破了以往仅停留在对传统手工业时代设计现象和设计思想的书写思路，以中国工业设计发展历程中的差异和关键问题为基点，以英国工业设计发展的成功与失败的经验为参照，去寻求适合我国工业设计建设与发展的思路。

（2）对中国当代工业设计发展现象有历史镜像的参照作用

工业设计与工业化相伴而生，其发展面貌是政治、经济、技术、文化和教育各方面因素共时演进所产生的结果，它的复杂性自不言说。本书对工业设计现象、行为和实践的考察也是多角度、多元化的。首先，本书强调对不同社会的工业设计发展历史现象进行对比，研究其同异，以加深对中国工业设计的认识和理解，在此基础上归纳出它的发展模式。这不仅能够增加论证的说服力，并且"跨文化研究"在立意上也增强了趣味性。其次，通过对中国工业设计"断代史"的重新梳理，可以从本源中重新审视中国工业设计发展的逻辑。如果说"历史参与对现实的认证和定性"❶，那么当前我国的工业设计发展现状、存在的诸多问题是否与近现代工业设计发展的特殊性有关，能否从近现代早期引入工业的原始状态下去寻找根源，且我国

---

❶ [澳] 克里斯朵夫. 克劳奇. 现代主义的艺术和设计 [M]. 戴寅，译. 石家庄：河北教育出版社，2009：1.

"被动工业化"的进程对工业设计发展进程有何种影响，这些都可以通过对中国和英国的对比研究找到相应的解释，为当代中国工业设计的发展提供历史的参照。

1.5　相关研究范畴的界定

1.5.1　工业设计概念的发展演变

工业设计真正为人们所认识和发挥作用是在英国工业革命之后，以工业化大批量生产为条件发展起来的。当时大量工业产品粗制滥造，已严重影响了人们的日常生活，工业设计作为改变当时状况的必然手段登上了历史的舞台。传统的工业设计以产品为核心，对以工业手段生产的产品所进行的规划与设计，使之与使用的人之间取得最佳匹配的创造性活动。随着历史的发展，人类社会已进入了现代工业社会，设计所带来的物质成就及其对人类生存状态和生活方式的影响是过去任何时代所无法比拟的，其内涵也趋于更加广泛和深入，现代工业设计的概念也由此应运而生。❶因此说，工业设计是在工业时代与工业化生产条件下诞生的，是对社会大分工、大生产机制的协调和修正。其设计内涵的基本特征是直接面对国民经济各产业领域的战略思考和企业及市场需求的产品研发；其核心是可批量生产的人工制品及其环境的价值优化为目标的创新及研发设计；其目的是系统解决"人"与"物"之间的关系，在从生产、流通直至废弃的全过程中完整地思考和贯彻"可持续"的环境原则与方法。❷国际上对工业设计定义的修订也历经数次，1970年，国际工业设计协会理事会（ICSID）首次为工业设计制订了第一个官方性的定义，此后又分别在1980年、2006年以及2015年进行三次修改。❸其间，不同国度和时期的专家学者从各个角度发表了不尽相同的见解。工业设计概念的不断修改在于其发展过程中实践领域的延伸、研究方法的丰富、服务范围的扩大，使其不得不对自己进行重新认识和定义。

在我国，工业设计作为一个舶来词在20世纪80年代传入中国，在此之前广泛流行的是"工艺美术"和"艺术设计"的概念。这与当时中国社会环境、社会生产方式和经济基础的变革是分不开的。随着工业化发展以及社会产品需求的时代性变化，工业设计的阶段性目标也随之变化。工业设计从以生产为导向到以消费为导向，进而发展到服务于"人"以及关注用户体验。并根据工业化发展目标而不断创新，例如"中国制造2025"的"智"造蜕变，以及"互联网+"的制造业与互联网相互渗

---

❶ [澳]克里斯朵夫·克劳奇.现代主义的艺术和设计[M].戴寅,译.石家庄:河北教育出版社,2009:1.

❷ 中国高等学校设计学学科教程研究组著.中国高等学校设计学学科教程北京[M].北京:清华大学出版社,2013:29.

❸ 中国工业设计协会课题组.国内外工业设计发展趋势研究.2009:22.

透。工业设计的对象由传统的标准化、批量化的物质产品生产向服务经济、体验经济时代的非物质产品延伸。设计功能，从服务于单一产品开发跃升为支持企业展开系统性和平台化的产品创新。其内涵更为丰富，工业设计成为综合运用各种学科的科技成果和知识，对产品的内容、功能、性能、结构、形态包装、服务等进行整合优化的创新活动。❶设计手段也随着科技创新而不断突破，逐步向高科技、数字化、网络化、信息化、智能化、个性化定制的生产方式迈进。

1.5.2 中英两国工业设计相关时间段界定

工业设计诞生于工业化社会的萌发进程中，随着工业化的发展而不断演进。英国工业设计是伴随工业革命批量生产的出现而形成的，经历了从农耕时代到工业时代，直至今日的知识网络时代的自然过渡，期间有三百多年的发展历程。在这三百多年的文明和设计的进化过程中，英国经历和完成了前三次工业革命，并刚刚开始第四次。如图1-1所示，第一次工业革命，18世纪60年代至19世纪中期，是以水和蒸汽为机械生产提供动力为特征的时代；第二次工业革命，19世纪下半期至20世纪初，是以电力为大规模生产提供动力为特征的时代；第三次工业革命，20世纪下半期至21世纪初，是基于信息技术实现自动化生产为特征的时代；第四次工业革命，发生在21世纪初期的现在，是基于信息物理融合新的工业革命。2012年，受德国"工业4.0"战略的影响，西方发达国家将四次工业革命分别定义为1.0、2.0、3.0、4.0的几个时代，当前全球已经陆续进入工业3.0和工业4.0的时代。

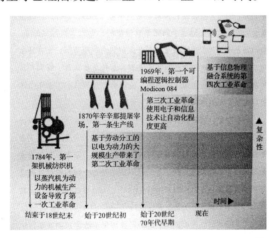

图1-1　工业4.0工作小组描绘的四次工业革命❷

---

❶ 王晓红,于炜,张立群. 中国工业设计发展报告 2014[M]. 北京:社会科学文献出版社,2014:13.
❷ [德] 乌尔里希·森德勒. 工业 4.0:即将来袭的第四次工业革命 [M]. 邓敏,李现民,译. 北京:机械工业出版社,2014:9.

而中国有着缓慢而漫长的农业发展历史，有着悠久的手工技艺，直到近现代，才受到西方坚船利炮的影响，被动地出现了以机械技术生产代替手工生产的重大变革。在近一个半世纪以来的时间里，由于中国与全球的工业革命和技术革命擦肩而过，延缓了工业化和现代化的进程，使其肇始比英国晚了整整一百年的历史。中国工业化起步和工业设计初生可追溯至清末洋务运动。此后相当长的历史时期中国工业化发展缓慢，经历了漫长曲折的过程。直到改革开放中国经济才开始走向世界，并在此后的三十多年实现跨越式发展，追赶上西方工业化发展的步伐，缩短了差距。如今，我国正处在工业化中后期走向工业化后期的过渡阶段，而工业化中后期与工业3.0（即英国信息化阶段）的历史交汇，并预计到2020年初步完成从工业2.0向3.0的升级。在这样的历史境遇下，我国与西方发达国家的发展轨迹重叠，几乎站在同一起跑线上，面临着工业化和信息化的融合发展。

由于中国和英国工业化起步、发展、成熟的时间并不同步，故本书将研究的时空范围进行分别界定，参照工业革命发展轨迹与工业4.0的概念划分，将工业社会按照技术演进概括为机械化、电气化、信息化三个递进发展的阶段（第四阶段智能化并包含在本书的主要考察范围内）。如图1-2所示，英国：机械化阶段18世纪60年代至19世纪中期；电气化阶段19世纪下半期至20世纪初；信息化阶段20世纪下半期至21世纪初。中国：机械化阶段1860—1949年；电气化阶段1949—2000年；信息化阶段从2000年至今。因此，本书研究的重点将放在中英两国不同时期但同一个阶段的差异比较上，找到关键问题的内在逻辑，其研究方法有别于纯粹意义上的历史梳理。

1.5.3　研究视角的界定

本书的研究是以中国和英国为对象，对两个不同社会工业设计发展历程进行比较。由于领域跨度大和时间涉及长，若单纯以时间为线索对整个历史进行梳理，一方面其史料涵盖量巨大，要做到全面整理不太现实。另一方面，这样的书写难免过于笼统，缺乏深入、具体的探讨。因此，本书将研究的时间进行阶段性划分，分别在肇始阶段、机械化阶段、电气化阶段、信息化阶段对英国和中国工业设计发展的差异和关键问题进行比较，通过分析其内在逻辑和关系来整体把握各自的工业设计发展历程，找的其中对中国有价值的参考。

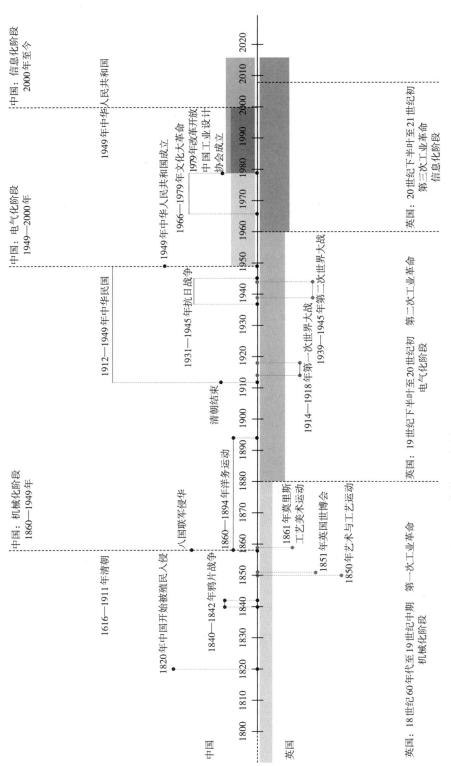

图1-2　中英两国机械化、电气化、信息化三个阶段时间划分

1.6　国内外相关研究综述

从已掌握的文献资料来看，目前，对于中英两国工业设计发展的研究基本停留在分别对各自国家工业设计发展历程描述性的分析上，还未发现直接与本书主题相一致的文献。由于本书的研究对象是英国和中国，所以涉及文献资料包含两大类。英国工业设计史多包含在西方国家整体工业设计历史、设计改良运动、设计思想和理论探索者的叙述中，如《工艺美术运动》和《当代设计的先驱者——从威廉·莫里斯到格罗皮乌斯》等。关于西方工业设计史的研究大致分为综述性研究、专题性研究、派系和联系的研究三种类型，分别从不同角度进行深入剖析和探讨工业设计的发展进程。本书参考资料一部分来自译著，一部分来自英文原版文献。

中国工业设计史目前并不受关注与其自身发展的特殊性密切相关。中国工业设计肇始是伴随着工业化的被动发生而触发的，因此"工业设计"并不是原来就存在的概念，而是与机械化生产方式以及西方发达国家设计思想一同引进的。起初，工业经济发展缓慢，基础薄弱，"设计"很难有生存的空间，概念还不清晰，加之原有的传统工艺还未完全转型，导致其名称指代最初的多元化。很多与设计相关的词语如"工业美术""工艺美术""艺术设计""装饰艺术"等还在广泛流行。这些概念成为工业设计发展成熟过程中设计的不同视角和侧重点。因此，关于中国工业设计发展的介绍普遍分布于设计史和艺术设计史等领域的研究课题中，工艺美术的论著中也有较少的涉及，这些相关著作成为目前中国工业设计研究的主要出处。

除此之外，工业设计与工业化相伴而生，其发展面貌与社会经济、工业发展和技术水平息息相关，又与社会思想、文化形态和审美意识等密切相连。工业设计作为工业社会中的一种创新现象，起初并未独立出来，而是融于工业化产业和经济技术发展之中的。因此，将其完全独立表述是不现实的，需要借助工业史中对工业发展技术、制造和管理的分析，以及文化史方面对于工业文化观念的探究作为工业设计叙述的宏观语境，来加强对工业设计发展历程的客观理解。所以本书的参考资料部分来源于工业化、产业化以及社会文化方面的相关研究。

据此，与论文相关的研究和理论成果分散于以下几个方面的文献资料中。

1.6.1　相关工业设计研究的文献

1.6.1.1　相关中国工业设计研究的文献

（1）设计"通史"中有关工业设计的论述

设计"通史"中有关工业设计的论述主要有："工艺美术"的概念在20世纪初

是一个合成的含义，是东西方文化交流碰撞下形成的，带有历史的印记。其复杂性在于当时工艺美术家们的观念与实践的差异，他们认为工艺美术就是实用美术，理念和现代艺术设计相一致。但是由于受到生产能力的局限，工艺美术走上了传统手工艺为中心的道路。❶因此，在传统语境下，它既包括工业设计也包括手工艺。随着认识的不断深入，当代语境下的工艺美术与艺术设计区分开来，明确了前者专指手工艺，而后者是在大工业生产条件下的设计。❷随着视角的转换，学界有关设计属性的讨论愈发激烈，名称不断更替，21世纪初始，著述逐渐以艺术设计史、设计史取代了工艺美术史。

早期的设计践行者主要以"工艺美术"的身份探索工业经济发展中的设计现象和行为。首先，存在于工艺美术史中的近现代中国工业设计研究：主要以田自秉教授的《中国工艺美术史》为代表，作者汇集和整理了我国自原始社会至20世纪80年代以来的工艺美术的历史沿革和发展，分析了不同历史时期的艺术特色，并在最后两个章节"近代的工艺美术"和"新中国工艺美术"中对近代中国设计内容做了论述。此外，还有龙宗鑫的《中国工艺美术史》、卞宗舜、周旭和史玉琢的《中国工艺美术史》、杭间的《中国工艺美学史》、王其钧和王谢燕的《中国工艺美术史》等，以上研究成果都是以20世纪80年代形成的工艺美术研究体系为架构，对近现代设计介绍的篇幅相对较少。而季龙主编的《当代中国的工艺美术》是少有的一部围绕新中国建立以来工艺美术发展历程和经验的论著，作者主要从"历史传统和新中国成立后的概况""丰富的品类和杰出的人物""生产科研、创作设计和人才培养"三部分对现代设计展开描述。

其次，是艺术设计史、设计史等不同版本的通史类著作对近现代工业设计的关照：其代表性论著有赵农的《中国艺术设计史》、傅克辉的《中国设计艺术史》、李立新的《中国设计艺术史论》、夏燕靖的《中国艺术设计史》和《中国设计史》、高丰的《中国设计史》、陈瑞林的《中国设计史》等，对于近现代中国工业设计的论述，作为史论中的一个章节亦有所论及。其中李立新的《中国设计艺术史论》从具体的设计现象入手，将其置于政治、经济、文化的宏观视野下，对产生的逻辑予以阐释。

（2）以"断代类"的近现代设计史、艺术设计史中有关工业设计的论述

断代史主要记述某一特定历史阶段的史实，对现代中国工业设计发展概况描述

❶ 李砚祖. 工艺美术概论 [M]. 济南：山东教育出版社，2002：4.

❷ 李砚祖. "建立新型的艺术设计教育体系，发展中国的艺术设计教育事业"，见 2001 年清华国际工业设计论坛暨全国工业设计教学研讨会论文集 [C]. 北京：清华大学出版社，2003：174.

的文献著作主要有：陈瑞林的《中国现代艺术设计史》，以中国现代艺术设计的历史进程为主线，将现代艺术设计划分为四个不同历史时段，围绕各时段传统工艺的延续与演变直至工业设计崛起，探讨中国艺术设计如何在20世纪变化着的历史背景下形成与发展，将传统与现代、政治与经济、商业与技术等因素与设计史的研究结合在一起，此书为本书研究提供了许多建设性的思路与线索。陈晓华的《工艺与设计之间：20世纪中国艺术设计的现代性历程》，认为艺术设计是社会现代转型的产物，这本书以"现代性"为切入点，围绕艺术设计与现代性的关系展开阐述，从现代性语境、现代性遭遇、艺术设计的起步与困境，最终艺术设计的转向与振兴。并从艺术与现代技术结合的内因，与引发其产生的政治、经济、文化等外部环境因素两方面进行考察。打破以时间为节点的研究方式，视角更为新颖。郭恩慈的《中国现代设计的诞生》，全书分为中国现代设计编年和中国现代设计个案研究，着力探讨中国现代设计诞生的背景及经过，包括中国人现代意识的抬头，民族工业的兴起，与世界接轨的现代主义的影响，中国现代设计工业的崛起等。其中的文献和图片丰富、详尽，使我们更清晰地了解到工业设计发展的来龙去脉。薛娟的《中国近现代设计艺术史》是以中国近现代设计艺术的演变为核心展开的，通过"从被动到主动、从盲目到理性、从量变到质变和从杂糅到重构"来梳理"西风东渐"背景下中国近现代设计艺术的演变历程。以论带史，比较客观地评价近代以来的中国设计对西化的态度以及对西方设计思想的筛选和变革。

此外，西方学者罗琳·贾斯蒂斯（Lorraine Justice）所著的关于中国设计史的《中国设计革命》(*Chinese Design Revolution*)❶是一部新中国的设计史，主要讲述了建国至现在的设计发展历程，从一个外国学者的视角对我国的设计历史进行细致的描述，全书包含八个部分并以时间为线索，其中第三部分对新中国工业设计产品、事件、设计现象予以论述，对于了解设计自身状况、问题和未来发展具有重要的价值。

（3）以"近现代工业设计"为主题的研究文献

以"近现代工业设计"为主题的研究文献主要有：直接针对中国近现代工业设计研究的目前有毛溪于2015年著的《中国民族工业设计100年》，这本书是华东师范大学设计学院"中国近现代工业设计史研究"的成果之一。记录了近代到现代工业设计发展整个历程中具有符号性、象征性和时代性的民族产品，如红旗轿车、解放牌汽车、上海牌汽车、海鸥照相机、康元玩具、红灯收音机、华生电风扇、中国坦

---

❶ Lorraine Justice. China Design Revolution[M]. Cambridge: MIT Press, 2012.

克、美加净化妆品、向阳热水瓶、九星搪瓷和永久牌自行车等，反映出中国近百年来经济和社会转型以及人们日常生活的变迁。但是不难发现，书中大部分工业产品的介绍主要从新中国成立以后到改革开放这段历史时期，对于近代和现代相关产品发展状态描述较少。究其原因，由于近代工业起步主要以军工机械为主，民用工业发展比较落后，导致此时期产品实物和记录资料甚少。相似的著作还有沈榆和张国新的《1949—1979年中国工业设计珍藏档案》，主要是以时间为线索，针对新中国成立以来至改革开放30年间工业设计发展历史中的具体实物、文献、图像进行系统性和总结性的研究。结合上海工业设计博物馆建设，把珍藏的新中国工业设计的历史碎片展现出来，主要选取了21个富有代表性的产品，对此进行分析比较和轶事的介绍，其中某些产品与《中国民族工业设计100年》有重叠。这两本不仅为本书近现代工业设计部分的研究提供了弥足珍贵的图片、文献史料，而且其研究方法和叙述历史方式也为笔者提供了有价值的参考。

毛溪和沈榆的著作侧重于1949—1979年时间段工业设计发展状况的介绍，而中国工业设计协会主编纂的《中国工业设计年鉴2006》文集则主要记载了从1978—2006年中国工业设计发展历程、经验，并加入企业工业设计案例和作品，是继毛溪和沈榆之后对现代工业设计发展史料的有力补充，体现了这20年来国家为工业设计事业发展所做出的努力。《中国工业设计发展报告2014》是王晓红、于炜和张立群主编的比较全面、系统地反映国际和国内工业设计发展情况的报告。主要针对当前中国工业设计发展的重大理论和现实问题，从宏观、理论、政策和操作的层面进行研究。报告横向比较了国内三大区域工业设计研究现状，以及国际工业设计主要"输出国"的发展现状和趋势，并且引入国内外一些具有代表性的成功案例，为我们提供宝贵的实践经验。这几本研究文献，从时间顺序上组成了比较完整的近现代工业设计发展历史，为本书提供了大部分史料参考。

（4）与近现代工业设计相关的"专题性"研究

与近现代工业设计相关的"专题性"研究主要有：袁熙旸的《中国现代设计教育发展历程研究》系统地介绍了从晚清、民国、新中国成立至"文化大革命"以及改革开放以来几个历史阶段，艺术设计教育所经历的艰难起步和曲折发展。通过整体的梳理和考察，可以看到从工艺图案教育到手工艺教育，从工艺美术教育发展到艺术设计教育的全过程。从侧面反映出中国现代设计发展的动力、模式以及其与政治、经济、文化背景的复杂联系。❶《中国艺术设计教育发展策略研究》由清华大学

❶ 袁熙旸."全球化视野下的中国近现代设计史研究"参见杭间. 设计史研究(设计与中国设计史研究年会专辑)[C]. 上海：上海书画出版社,2007：104.

美术学院中国艺术设计教育发展策略研究课题组编著，同样是对我国艺术设计教育进行历史性回顾和专题性的探讨。其中中篇第五章"曲折前进历程"将艺术设计教育发展分为五个阶段，清晰映射出工业设计发展历程的同样的境遇。《庞薰琹艺术与艺术教育研究》是对中国早期现代设计问题和困境，以及庞薰琹的教育思想和主张的研究，其中第一章第四节中国现代设计的兴起与庞薰琹早期设计实践，第三章中国现代设计教育的开启与形成都从另一个侧面展现出中国设计发展的脉络。此外，类似的论述包含在郑曙旸等的《设计学之中国路》一书对中国设计教育的发展与困惑的研究中。

1.6.1.2　相关英国工业设计研究的文献

从已掌握的文献资料来看，直接关于英国工业设计的史料并不多，仅有的几本为第一手的英文原版文献，丰富翔实的内容为笔者的研究工作提供了非常有价值的参考。其他相关论述多散见于各类西方设计史等设计类通史中，这其中包括国内专家学者的译著和编著两类。主要围绕早期英国工艺美术运动、设计思想家的理论和实践以及当代的设计国家战略与创意产业几个主题展开研究。无论是综述性研究还是专题性研究，反映出英国工业化发展进程中的状况，而且也从一个侧面反映了其政治、经济、文化及生活方式等方面的变迁。

（1）以英国工业设计为主题的英文文献

以英国工业设计为主题的英文文献主要有：首先，理查德·斯图尔特（Richard Strward）的《设计和英国工业》（*Design and British Industry*）针对英国工业设计不同历史时期的发展特征进行论述，全书分为八个部分以时间为线索进行梳理，列举了大量具有代表性的实例，为本书的论证提供了翔实的文字史料和有力的图片参考。其次，记述英国某一特定历史阶段史实的代表著作是帕尼·斯帕克（Penny Sparke）的《英国设计的1946—1986》（*Did Britain Make It? British Design in Context 1946-1986*），这本书关于英国从1946—1986年这四十年设计发展历史的概述，其中第四部分第三节主要侧重产品设计师与制造商之间关系进行描述，从侧面反映此时期英国工业社会发展的面貌。另一部由泰晤士&哈德森（Thames & Hudson）出版社主编的《视觉—50年英国创意》（*Vision-50 years of British creativity*），是一部关于从1950—2000年的英国设计发展"断代史"，论述内容涉及纯艺术、建筑和设计三大领域，其中少部分关于工业设计的描述包含在对设计的考察中。

此外，与英国工业设计相关的"专题性研究"主要有：康斯登·惠更斯（Frederique Huygen）的《英国设计的形象与身份》（*British Design-image & identity*），著述关于设计中的英国认同和民族价值的研究，涵盖产品设计与视觉设计等领域；

《英国设计节1951》(*Festival of Britain-Design 1951*)以及巴里·特纳(Barry Turner)的《1951英国设计节有助于塑造一个新的时代》(*How the 1951 Festival of Britain Helps to Shape a New Age*),同是针对1951年的"英国节"为主题的专题性著述。

（2）西方设计史等设计类通史中关于英国工业设计的论述

工业设计、工业设计史和工业设计概论类的文献是较有针对性地对西方近现代工业设计发展的论述,而英国设计发展的研究多存在于其中作为章节出现。目前,国内还没有出现单独对英国设计发展史研究的论著,仅有的是对其相关主题的研究。

西方设计发展史译著中关于英国工业设计发展的论述主要包括:英国乔纳森·M.伍德姆的《20世纪的设计》、美国大卫·瑞兹曼的《现代设计史》、丹麦阿德里安·海斯的《西方工业设计300年》,有关英国设计运动、现象、人物及其发展的描述包含在其中的章节。《20世纪的设计》分别从设计与工业文化问题、设计中的英国认同、二战后的重建、政府对设计促进的积极倡导、设计与消费几个方面对英国设计进行重新审视和深入探讨。《现代设计史》剖析了18世纪以来实用艺术和工业设计的整个发展历程,以时间为叙述线索,涵盖了绘画、雕塑、建筑、家具、印刷、摄影、服装、工业等诸多领域,而且从横向探讨了设计和生产、消费、科技、商业之间盘根错节又变动不居的关系,大众对设计的关注以及对设计发展所产生的推动作用等内容。有关英国工业设计描述最多的部分见于19世纪手工艺、工业博览会和20世纪的设计改良运动以及21世纪的产业化道路,这些英国工业设计发展中的设计活动和实践,反映出其发展道路的转变过程。同样,《西方工业设计300年》也是对从18世纪以来三个世纪里的工业设计进行了详尽的分析。不同以往以时间为叙述顺序的设计史,这本书参照设计考古学的方法将设计的产品依照木材、玻璃、金属和陶瓷这四种材料分组,再按照出现的年代排列成序,并对设计和制造、形式和功能,以及材料、制造方法和环境条件之间复杂变化的关系作了清楚的说明。书中可以找到不同时期英国具有代表性的产品,从侧面反映出政治、经济、文化及生活方式的变迁。这些译著中关于英国设计发展的相关文字和图片史料为本书提供了研究的线索。

国内有关英国设计发展史的研究论著主要有:袁熙旸的《非典型设计史》是其28篇论文汇集成册而成,其中设计师的方法与理论、外国设计史、现代手工艺和设计教育历史三个领域中包含对英国高校设计史专业、手工艺行会、"设计史——造物人"运动、现代手工艺以及政府设计学校等个案进行深入的研究,其学术视角与方法选择与其在英国的学习经历有着密切的联系。这些研究从问题出发,揭示出英国设计发展的规律,通过"非典型"的历史研究轨迹深刻地反映出"典型"的历史脉络。2009年工业设计协会关于"国内外工业设计发展趋势研究"❶的课题分析了国内外工业设计发展的轨迹及其在当代社会发展中的角色和地位，从具体的观念、组织和要素来认识，通过纵向推演和横向比较两个维度推导出发展中国家工业设计的角色、地位和策略。其中在国外工业设计发展政策趋势与行业趋势部分对英国的示范作用予以详细的论述。此外，在王敏的《西方工业设计史》❷中，作者选取了英国等几个在工业设计理论、思想和实践等方面领先的国家进行论述，对英国20世纪以来工业设计整体发展状况予以关注，不拘泥于众所周知的"经典"设计内容，使本书书写打开了一个新的视角。

其他具有代表性的研究论著主要有：何人可主编、柳冠中主审的《工业设计史》、蔡军和梁梅编著的《工业设计史》和《世界现代设计史》、卢永毅和罗小未编著的《产品、设计、现代生活——工业设计发展历程》，李乐山的《工业设计思想基础》，朱和平的《世界现代设计史》，王明旨主编的《工业设计概论》，以及潘鲁生的《现代设计艺术史》等。他们的著作将现有可知的世界现代设计仔细梳理，系统地介绍了工业设计发展的历史进程、演变脉络、设计思想、设计学派和风格、著名设计师及其作品，勾画出一条工业设计发展的主要脉络。而英国工业设计则被置于西方工业设计的整体发展版图中进行分析论述。

（3）围绕英国工业设计的"专题性"研究

围绕英国工业设计的"专题性"研究主要有：高兵强的《工艺美术运动》主要针对英国设计史上最伟大的设计实践进行全元景观、来龙去脉、核心影响的深度研究。因为这场艺术思潮已经超出了外在表象的审美情趣，上升到关乎文明进化以及意识思想的层面，成为贯穿整个英国设计发展的线索，对之后的英国工业设计发展影响深远，为理解英国设计思想发展提供了至关重要的价值参考。另一部著作是于文杰的《英国十九世纪手工艺运动研究》，他从19世纪英国手工艺运动的历史状况、历史思想和历史案例的角度出发，探寻英国手工艺运动的产生、发展和传播的过程，其中对约翰·罗斯金、威廉·莫里斯以及阿什比的改良思想和实践活动进行了深入探讨，这有助于理解英国工业设计的人文主义价值理念和手工艺怀旧的传统。

1.6.2　相关工业化研究的文献

由于工业设计的发展往往融于工业技术和商业行为之中，因此，对于工业设计发展的研究不得不借助工业史、经济史等宏观背景知识，来加强对它发展历程的客

❶ 中国工业设计协会课题组.国内外工业设计发展趋势研究.2009:7.
❷ 王敏.西方工业设计史 [M].重庆:重庆大学出版社,2013:5.

观认识。工业史研究主要着眼于对工业发展过程中的技术、制造、管理等水平的研究和分析并进行理论体系建构。经济史是应用"史学理论"或"经济学理论"的方法下对社会经济发展现象和过程展开研究，并在此基础上进行理论体系的建构。❶工业设计是中国"工业"和"经济"现代进行时中的一种智慧和方法，工业水平和经济环境是工业设计发生、发展的土壤，也是其叙述的宏观背景。

1.6.2.1 相关中国工业化发展研究的文献

工业设计是伴随着工业经济的发展而产生的，但是受限于近代工业条件和经济环境的落后，其发展并没有独立出来，而是融入工业技术和商业发展的土壤之中。因此，近现代工业史的研究为工业设计发展研究提供了宏观背景参考。

（1）以中国近现代工业发展史为主体的文献

以中国近现代工业发展史为主体的文献主要有：汪敬虞编写的《中国近代工业史资料1840—1895》辑录，提供了自鸦片战争至甲午战争五十余年间有关中国近代工业史的基本情况的资料。编者就本时期外国资本在中国的工业投资，清政府及其官僚集团经营的工业，民族资本近代工业的发生和中国近代工业工人初期的情况等方面，提供了一些主要的基本史料，以说明近代工业历史发展的大体轮廓。祝慈寿的《中国近代工业史》，以历史时代为经，工业类型为纬的编写方法，撰述了1840—1949年中国近代工业的发生、发展和演变的历程。范西成和陆宝珍编写的《中国近代工业发展史1840—1927》都采用相同的写法。刘国良的《中国工业史现代卷》主要围绕新中国成立以后各时期工业发展特点，梳理史料，描绘轮廓。宋正的《中国工业化历史经验研究》从工业化理论综述、旧中国的工业化、中华人民共和国前30年的工业化、改革开放后的中国工业化等几个部分进行阐述。此外，赵晓雷的《中国工业化思想及发展战略研究》主要从经济学的角度出发，将工业化思想视为中国近现代经济思想发展的主线，针对中国工业化思想的产生和发展展开论述。其中近代洋务思想评析、传统义利观和消费观的转变、清末以及民国政府奖励实业政策的探讨对理解此时期工业化以及工业文化有较大的参考价值。

有关的当代工业化研究，主要集中在对制造业发展趋势的关注上。例如，王喜文的《中国制造2025解读》和吴晓波等著的《读懂中国制造2025》，主要针对政府在2015年5月发布的行动纲领进行深度剖析，从而了解未来工业化和工业设计发展的新观念和新思路。由邓敏翻译的德国乌尔里希·森德勒编著的《工业4.0》，"工业4.0"这个概念由德国人于2013年提出，未来互联网和其他服务联网的系统将使所有

---

❶ 张建成.经济史的史学范式与经济学范式 [J].内蒙古师范大学学报(哲学社会科学版),2006(5):82-85.

行业实现智能化，并取代传统的机械和机电一体化产品。这本书从特殊的角度对工业4.0提出看法，从而勾勒出目前国际工业产业发展所处岔路口的情形。我国正处在工业化中后期走向工业化后期的过渡阶段，而工业化中后期与工业3.0的历史交汇，并预计到2020年初步完成从工业2.0向3.0的升级。在这样的历史境遇下，我国与西方发达国家的发展轨迹重叠，该如何发展，西方国家的工业化经验给我们提供了诸多有价值的参考。

（2）以科学技术发展史为主体的文献

科技的发展是设计创新行为实现的前提。如今，技术创新和设计创新成为创新体系的双螺旋，共同推进工业设计的发展。工业化之初，主要是以技术为主导的设计创新行为，因此需要对近现代科技发展有一定的了解。以科学技术发展史为主体的文献主要有董光璧主编的《中国近现代科学技术史》，全书按照时间顺序分为三个时期论述，针对科学与社会、传统与近代、技术与经济、科学与技术等重大理论问题阐明了观点。另外，《二十世纪中国科学》《中国近现代科技思潮的兴起与变迁1840—2000》等著作也对近现代工业设计发展的科学技术背景做了论述。

1.6.2.2 相关英国工业化发展研究的文献

英国曾是世界工业霸主，它迅速崛起和一度走向衰落十分典型，对于英国衰落的根源，历史学家和经济学家对此都作了大量的研究和分析。伴随着英国工业经济发展的辉煌与失落，英国工业设计发展道路也渐进曲折。因此，在对英国工业设计发展做分析研究时，需要特别留意英国工业化发展的历程。同时，将其放在历史发展和工业化进程大的宏观背景下论述，从英国工业经济发展的优势和弱项中，归纳出英国工业设计兴衰的根源。

相关英国工业化发展和社会经济史研究的文献，主要集中在工业革命方面研究的专题译著。比如，荷兰社会经济史学家皮尔·弗里斯的《从北京回望曼彻斯特：英国、工业革命和中国》通过对英国工业革命的原因和没落的清王朝时代这两个帝国的历史比较，找到工业革命发生在十八九世纪的英国的原因以及工业化进程中国家制度、科学文化等潜在机制。英国社会经济史学家罗伯特·艾伦的《近代英国工业革命揭秘：放眼全球的深度透视》详尽揭示出这场发端于英国的工业革命的奥秘，论证了英国与同期的欧亚其他国家相比，在很多方面占有优势，唯有在英国这些工业革命重大技术突破——新机械、新技术的发明与运用才会有利可图。英国工业革命史研究学者E.A.里格利的《延续、偶然与变迁：英国工业革命的特质》分析了工业革命的由来，并对工业革命是个累积的、循序渐进的、单一的现象的观点提出了疑问，采用古典经济学的观点来阐明这个问题的本质。美国历史学家R.R.帕尔默的著作《工业革命：变革世界的引擎》讲述了从19世初到第一次世界大战之前的历史发展。这期间的决定性事件是工业革命，它使欧洲奠定了对全球的统治地位，彻底地改变了世界面貌。从1870年开始，欧洲达到鼎盛时期，在政治、经济、社会和文化等诸方面均形成了对世界的绝对优势。国内学者王章辉的《英国经济史》对英国经济发展做了比较全面、深入的研究，为我们呈现了一个清晰的框架。

此外，国内学者王章辉的《英国经济史》是对英国经济发展研究比较完整的著述。不仅对英国近现代经济史作了总体的叙述，而且注重探索和分析英国首先实现工业化及转向相对衰落的原因。为本书理解英国工业设计的兴衰提供了有价值的参考。马海的《几个主要资本主义国家工业化的过程》介绍了世界几个主要资本主义国家英、法、德、美、日、俄等国工业化的过程，并分析了这些国家工业化的本质和特点。通过对这些国家的比较分析，从而使我们更清晰地了解到英国工业化的发展历程。同时这本书采用比较的论证方法也值得笔者借鉴。

1.6.3 相关社会文化研究的文献

设计既是文化的能动创造手段，又深受文化的影响。不同国家、地区的独特文化，会在当地出产的人造物件上留下某种印记；而这种独特的文化也会对该国家、地区的设计发展产生重大的影响，并促使其形成自身的设计风貌。当今中国工业设计与西方还存在较大的差距，呈现出模仿跟踪多，创新突破少，原创性、基础性、关键性科技创新及成果缺乏的问题和困境。究其原因，一方面在于我国工业化起步阶段的"被动性"，导致工业设计起步较晚。另一方面则在于根植于中国内部的传统义化观念。英国先进技术和理念的优势其实并不仅仅是由其历史的积累和工业革命的必然所决定的，所有的这一切都是建立在文化思想的基础之上。因此，对工业设计发展的深入理解，需要同时对其文化观念和思想传统加以考察。

1.6.3.1 相关中国社会文化的文献

相关中国社会文化的文献主要存在于中西文化的比较研究中，因为要对中国传统价值观念、思维方式、伦理规范、美学思想以及整个文化精神进行多层次的探讨，以达到更清醒地认识和把握，就需要一个可资比较的参照系。因此，我们可以从梁漱溟的《中国文化要义》和《东西文化及其哲学》、苏丁的《中西文化文学比较论集》、成中英的《从中西互释中挺立：中国哲学与中国文化的新定位》中找到有价值的参考。

《中国文化要义》主要从集团生活、个人本位与社会本位、理性、中国民族精神等一些发人深省的问题对中西社会、中西文化进行比较研究。而《东西文化及其哲学》主要从本体论、认识论、文化观、历史观和伦理学思想五个部分展开论述。此外，《中西文化文学比较论集》则收集了"五四"期间至20世纪80年代的文章共18篇，以时间为线索分为三部分论述。其中第一部分是20世纪20～30年代具有代表性的文章，主要是赞赏西方文明，批判封建文化。第二部分是20世纪70～80年代英美、港台学者对中西文化的异同、优劣的论述，并指出应融合发展的观点。第三部分是当代有一定代表性的文章。这部论著具有当时的时代色彩，体现了中西文化不同时期碰撞、交融发展的历程。《从中西互释中挺立：中国哲学与中国文化的新定位》从哲学研究的角度，分析了中国文化的特性与价值，对中西文化的异同进行了比较，进而论证了使中国哲学和中国文化走向现代化与世界化的重要性，并提出实现这一目标的途径与方法。

除中西文化比较研究以外，相关的文化论著均围绕文化与设计的关系展开。如王琥的《设计史鉴：中国传统设计文化研究（文化篇）》，这本书对设计的文化属性、设计的人与自然"物化"功能、劳动创造了人的文化、主动性创意、文化影响力、设计的人与人教化功能、设计心理与教化功能、需求的教化与变化、设计文化条件说、设计的文化成分进行详细的论述。邱春林的《设计与文化》包含了从"三礼"看先秦工艺装饰观念的依附性、墨子的社会蓝图与造物理念、《礼记》的深衣制度与设计思想等几个部分。他在书中指出，设计行为既反映个体的独创意识，也反映集体意识和无意识。此外，祝帅的《中国文化与中国设计十讲》深入探讨了中国文化与中国设计艺术的结合，通过设计艺术这一独特的视角，分十个专题呈现中国文化史的某些独特方面，在此基础上展开对"设计本土化"这一当代热点话题的讨论。

1.6.3.2　相关英国社会文化的文献

国家工业化的发展除了政治、科技、教育等的支撑之外，其思想观念和文化形态成为影响工业精神形成和发展的主要因素。英国有着独特的发展方式，以传统与变革、平稳与渐进为主要特色。其文化中的贵族精神、绅士风度、理性化思维、保守主义构成了现代英国工业价值观。因此，一切现代英国的特征都可以在文化中追根溯源。

英国史学家钱乘旦的《在传统与变革之间》一书讲述了英国和平、渐进、改革为主要特色的独特发展方式。作为现代化的开拓者，英国开创了现代经济与政治制度，其科学与文化发展给人类留下宝贵的精神财富；这本书探讨了剧烈的变动与沉稳的路径的有机结合，以及这种文化模式的形成机制。《英国文化模式溯源》追溯现代英国形成的过程，进一步了解英国独特的民族精神。另外，其编著的《英国通史》阐述了英国的兴盛之道，透视了其成功走进现代化历程的同时，揭示了英国民族的禀赋和创造力。吴斐编著的《英国社会与文化》梳理了英国社会思想文化的脉络，理性思辩西方文明的思维模式和行为准则；并阐释英国社会艺术文化的美学价值，从中理解和领悟其深邃的内涵和人文关怀。世界史学家陈晓律编著的《英国发展的历史轨迹》，从政治、经济、法律、思想文化和社会福利等角度，对英国现代社会进行全方位研究。论述英国成为世界上第一个工业民族的原因——它为人类社会提供了两大创新产品：即现代议会制度及其政治机器的有效运作方式与工业革命。而能够提供这些创新的土壤，则是英国在其发展过程中始终沿着法治化、民主化与社会保障制度化轨迹前行的保证。于文杰的《英国文明与世界历史》以欧洲古典文明的演变为视角，分析英国文明与欧洲古典文明的关系、近现代西方政治思想演变对英国文明的影响，以及民族国家、西方思想演变等与全球化的关系。黄相怀编著的《英国精神》阐释了英国对传统的尊重和理性主义，为"绅士道"奠定了心理基础。并对英国人的民族理想、民族性格、民族意志和民族思维进行了详细分析。

1.7　研究内容与方法

1.7.1　研究内容

本书对中英工业设计发展历程比较研究的论述主要从以下几个方面进行。

（1）研究了中英两国工业设计起始阶段的自觉性差异

首先分析了这一阶段英国工业设计萌芽初生的宏观语境。英国早在17世纪就完成了资产阶级革命，18世纪开始工业化的初步启动，经历了漫长的积累性渐变之后，自发出现现代生产力的飞跃和社会关系决定性转变，成功地进行了工业革命。其工业化的原动力是内部孕育成长起来的，其产生与发展是平稳过渡和自觉生发，动力是内在的，既没有造成社会的断裂性大震荡，也没有遭遇外力造成的扭曲，从传统向现代的过渡具有渐进自发性。其次，对中国特殊时代历史背景加以介绍。中国的工业化启动发生在19世纪，从时间上与英国并不站在同一起跑线上。同时，近代中国最初的大机器工业，不是由本国的工场手工业自身发展起来的，而是在外国资本主义侵略的影响下，由洋务派官僚从外国输入机器间接产生的，是外来的、被动的，它是在外来异质文明的撞击下激发或移植引进的。通过对两国工业设计肇始阶段发展特点的比较，可以清晰地看到，由于中英两国工业化启动的历史条件和决定性因素不同，导致工业化发展模式各异，从而决定了以工业化为基础的工业设计在启始阶段就存在自觉性差异。

（2）研究了中英两国在机械化进程中对待工业文化的态度差异

首先，对英国工业设计进一步展开的社会背景进行分析。在机械化进程阶段，随着工业革命的持续推进，工业化背后大量社会问题逐渐暴露无遗。英国对19世纪机械化、工业化飞速发展作出回应，出现了社会精英阶层自觉的"人文意识"觉醒，并通过制定合乎社会和审美需求的"设计原则"灌输给大众美的品味和价值追求，对工业设计进行人文主义"修正"。其次，相对应地对中国机械化阶段的宏观语境加以分析。由于西方赤裸裸的炮舰政策与强权政治，使中国在面对西方工业文化时产生了强烈的民族主义和民族意识，出现一种直接具体的防卫性抵抗。通过比较分析，从各自的文化中找到答案。英国式发展道路有其必要的社会历史条件，能够在英国形成，有其相当深刻的文化背景和社会思想根源。同样，中国工业设计发展与变革除外部客观环境的影响外，对于传统的惯性和固执、物质和精神的自给自足成为深植于中国内部的主要因素。

（3）研究了中英两国工业设计发展在电气化阶段"质"变与"量"变的差异

通过对中英两国此时期政治、经济、社会和文化背景的分析，比较电气化阶段工业设计发展中关键问题的内在逻辑。英国在经历了两次世界大战后，工业化逐渐走向成熟和完善。以新科技成果为支撑的新兴产业和大众消费品生产部门的发展则增长迅速，战时政府全面控制设计和生产制造期间的经验和成果，使英国政府对设计的推广工作开始比较重视，各种协会和组织活动层出不穷，设计教育也与国家整个社会融为一体，并形成了相对完善的教育体系。此阶段中国工业设计发展发生了质的飞跃，是传统的工艺美术向现代工业设计的蜕变，体现出改革开放经济发展的后发优势。起始阶段由于客观环境原因造成中国传统设计文化向现代设计转型得不彻底，改革开放以来，自上而下、从物质到精神的彻底变革带动工业设计快速发展。因此，本章就中英电气化发展阶段下工业设计形态演变进行重点阐释，通过对比分析找到各自成长与发展历程中的优势和劣势。

（4）研究了信息化阶段中英两国工业设计观念高低的差异

进入信息化阶段，世界经济的重心开始明显转移，逐渐从粗放型到集约型、从传统型到创新型、从工业经济向知识经济发展过渡。与此相应的是工业设计活动从服务于单一产品开发跃升为支持企业展开系统性和平台化产品创新，其内涵更为丰富。本部分就工业经济之上的中国和知识经济之上的英国进行对比，对各自工业设计产业所处的背景环境加以分析。中国产业转型是工业化附以信息化同时进行，总体设计意识、产业结构和资源结构尚处在初级过渡阶段。而英国在经历了几百年的工业化历程后，在国家整体机制和意识、产业的相关政策法规、制度文化和价值观已经完善和成熟的情况下，设计产业从工业化向信息化的成功转型和顺利过渡。因此，中英工业设计观念存在高低的差异。同时，本部分重点以英国为参照，在当代工业设计产业的背景环境下找到契合中国工业设计的发展模式。

1.7.2 研究方法

本书研究是以设计学、历史学、经济学、文化人类学为理论基础构建研究框架，通过"点"的研究（涉及包含在工业设计发展进程中的个案研究，如产品、企业等），到"线"的研究，对近现代中国工业设计发展的历史背景进行探讨。最后再到"面"，对同阶段不同发展时期的英国进行空间上的比较研究，从而立体展现中国近现代工业设计发展全貌。具体研究方法如下：

（1）比较的研究方法

比较法作为一种逻辑思维的方法，就是要发现和确定研究对象之间，在表象、本质上的共同点和差异点的一种逻辑方法。在大量史料的基础上对不同时空下的各种设计现象进行纵向或横向的比较，使思路更加清晰，论证更加充分。通过比较，分析研究对象的相异点，发现双方值得学习和借鉴的地方，这对于迅速发展的中国工业设计尤为必要。本书采取平行比较的研究方法，其依据已在前文1.2中进行详细的说明，在此不再一一赘述。本书选择英国和中国两个不同社会的工业设计发展进行平行对比，客观地互照、互对、互比、互识，分析存在于不同时代语境、不同经济形态，不同历史文化、不同知识与信仰领域里两国工业设计发展中的共性、异质特征及其关系。试图找到当代中国工业设计在工业化进程中的产业地位和发展问题。同时归纳出英国在工业设计创新发展方面的长处，以此来启发中国工业设计创新发展的思路。

（2）历史分析的研究方法

历史唯物主义认为，历史的发展进程是受到社会发展的内在一般规律支配的。而"历史研究的目的是通过展示来揭露规律，逼近真理的。"本研究力图在借鉴前人已有的研究成果和研究范式的基础上，对中国的工业设计发展历史做整体性的探析，研究时间跨度较大，涉及范围较广。因此，本书关于中英工业设计发展历程的研究并非对近现代历史中各国发生的工业设计现象按照时间顺序进行简单的罗列，而是基于史料的逻辑梳理，总结出各自设计现象发生的内在逻辑、特殊性和缘由，找到推动和阻碍其工业设计发展的根本问题并加以解释。课题研究线索主要围绕启始阶段的萌发、文化的承继、经济的转型、适合性的发展四个关键节点的工业设计问题展开。这四条线索之间融合、平行发展，将中英两国各自的近现代工业设计历史贯穿起来。

（3）逻辑推理的研究方法

历史不仅仅是简单地叙述事情完整的发展过程，更重要的是考察之所以产生某种特定设计理念或形式的内在缘由。为什么，而不是是什么，逐渐成为历史研究的主题。对设计历史的撰述，仅仅描述外在的形式表现特征，不能够深入事物内部探究本质，所带来的是思维逻辑的混乱和设计历史发展的无序。如果缺少了实际的具体的现实性，因果关系就会显得没有意义。设计行为的因果关系十分复杂，包含着经济、社会、思想、文化、习俗、物质和生活等许多方面，很难将因果关系如同自然科学一样明确化，因此，设计研究的因果分析因其复杂性而具有不完全性的特点。社会生活的复杂性，对设计历史的撰述提供了更高的要求，需要考察具体时代的具体环境需要，不能仅仅以"实际需要"的空洞词汇为借口。因此，笔者搜集、鉴别和整理了关于中英工业设计的相关文献资料，通过对文献的分析，发现和思考研究对象的发展现状和存在问题。基于对现有文献的梳理，本书推出了从"启"（启始阶段的萌发）、"承"（文化的承继）、"转"（经济的转型）、"合"（适合性的发展）四个方面对工业设计发展历程中的关键问题进行研究（图1-3）。

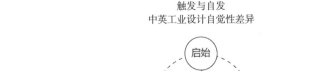

图1-3　研究思路图

（4）调查的研究方法

作为一种当今时代语境下的设计研究课题，则必然会涉及对设计活动及其相关现象进行调查的问题。笔者为了能够更好地研究中英两国工业设计发展历程，参观走访了国内一些关于设计的工业产品博物馆和历史博物馆，具有代表性的如中国工业设计博物馆，馆内展藏了千余件新中国批量生产的工业化产品，为本课题的研究提供了大量的实物、数据资料。杨明杰工业设计博物馆，主要分为历史、现代、未来三个主题展出了全球四大顶尖奖项的优秀设计工业产品,不仅可以看到各种获奖的现代作品,还可以看到工业设计的历史佳作。另有上海、北京等地方档案馆,通过地区发展图片、史料侧面反映出中国工业化进程中工业产品、设计思想、实践活动。同时,笔者在英国学习期间,实地考察了著名的泰特现代艺术馆(Tate Modern)、伦敦设计博物馆(Design Museum)、维多利亚&阿尔伯博物馆——国立艺术设计馆(V&A,Victoria and Albert)、威廉莫里斯展览馆(William Morris Gallery)等。通过切身经历和实地考察拍摄大量具有历史参考价值的资料、图片,为课题研究作了准备和铺垫,使笔者对中英工业设计发展历史背景有更直观的认识和感触,也使本书论证更加充分、有力。

(5)跨学科的研究方法

工业设计具有多学科交叉并能在多个领域广泛应用的复杂性,要求艺术、经济、科学、技术以及社会学知识等学科的交叉和融合,从而形成服务于人类及其环境优化的创新研发能力。因此,本书的研究对象除了工业设计自身特有的设计模式外,还与社会学、经济学、文化人类学等各种人文学科交叉。中英两国近现代工业设计涉及多个层面和领域,如果不对其进行"立体"的把握,就难以从中梳理出近现代中英工业设计发展的清晰脉络。

1.8 研究的创新点

近年来,国内诸多学者对工业设计理论与实践展开探讨,他们的研究成果为本书提供了可资借鉴的重要参考。笔者以中英工业设计发展历程轨迹比较研究为论题,从差异和问题出发对两国工业设计各阶段的发展进行比较论证,笔者认为可能的创新点主要体现在以下几方面。

(1)选题是在新的视角下对中国近现代工业设计发展历史的重新阐述

目前,国内外关于工业设计发展的研究,较多集中在工业设计史、工业设计实践、产品战略及其理论上。相比国外的研究文献而言,国内关于工业设计的文献比较缺乏,研究多以欧美等国家工业设计史的全面论述为主,或是很少一部分关于中国近现代工业设计的学术文献散见于工艺美术史、艺术设计史、"断代类"的近现代设计史中。从国内检索出该领域文献的数量和质量、专题研究的深入程度等状况可以看出,学界关于近现代工业设计发展历史的研究存在不足没有形成系统。对于中国工业设计发展历程中出现的种种问题尚未提出明确的论述和系统全面的解析。因此,具有一定的创新性。

（2）课题选取中英两个典型明确的比较对象，借鉴"比较文学"的研究范式和平行比较的研究方法

在以往的很多设计研究中，偏重于对中国或西方两个独立的对象进行考察，较少对不同社会进行比较研究，仅有以中西比较为主的比较美术史，设计史并不主要涉及某个具体的对象，对中西的研究也显得过于笼统，缺乏深入、具体的探讨。这样不仅无助于研究视角的拓展，还可能减少立论和论证的说服力。因此，本书选取工业设计发展具有典型性的英国和中国作为两个具体明确的对象，并借鉴"比较文学"的研究范式，采用平行比较的研究方法，对英国和中国两个不同社会的工业设计发展历程轨迹进行客观地互照、互对、互比、互识，察同辨异和分析论证，从而使比较研究的结果更为准确。

（3）以"论"代"史"，从差异和问题的角度梳理中英两国近现代工业设计发展的历程

关于中国近现代工业设计的研究多从历史学的角度出发，一般是以时间为顺序的叙事方式。与国内多数研究角度不同，本书着眼点于差异和问题，通过对他们的比较研究来呈现中英两国近现代工业设计发展的轮廓面貌。一方面，本书对中国工业设计"断代史"理论研究作出了补充和完善。另一方面，这样的研究避免了历史研究中以时间为单一线索的资料堆砌现象。

1.9 拟解决的主要问题

本书对于中英工业设计发展历程进行比较研究，拟解决的核心问题主要涵盖了以下几个方面：

第一，初始阶段，中英两国工业设计"自觉性"差异对中国工业设计发展的影响。

第二，机械化进程阶段，中英两国本土文化对工业文化的态度差异对中国工业设计发展的启示。

第三，电气化阶段，中英工业设计"质"与"量"的发展差异背后所体现出的优势与劣势。

第四，信息化阶段，中英工业设计观念发展程度的差异，对当代中国工业设计转型升级的启示。

第 **2** 章

肇始阶段中英工业设计的自觉性差异

众所周知，英国是率先进行工业革命的国家，也是最早完成资本主义工业化的国家。工业革命的成功实施使英国一度成为世界工业霸主，各个领域在短短几十年内发生了翻天覆地的变化，开始走上现代意义的工业设计发展之路。❶其工业化的初步启动是自17世纪就开始的漫长积累和渐变，并且工业化原动力即现代生产力是内部自发孕育成长的。同时，社会变迁的经济、技术、科学、政治和文化特征等决定性因素有利的契合，所有社会子系统良性发展、协调和相互促进，合力造就了肇始阶段英国工业化渐进自发的特征，使得伴生于工业化发展的工业设计也同样具备了"自觉性"。

与英国相比，中国特殊的时代历史背景决定了中国近代工业化启动较晚，并且最初的大机器工业不是由本国的工场手工业自身发展起来的，现代生产力要素和文化要素都是在外国资本主义侵略的影响下从外部移植或引进。其工业化启动内部因素软弱和不足，加之外来因素的冲击和压力，造就了外部作用力大于内部而激发的转变。因此，肇始阶段中国工业化启动与英国的差异不仅体现在时间的滞后，也体现在被动性与触发型所导致的落后。在这样的情形下，以工业化为基础的中国工业设计的内涵与外延在肇始阶段就与英国工业设计存在明显的差异。本章就中英两国工业设计启始阶段的自觉性差异进行具体的比较分析。

2.1 英国工业设计的"内生化"过程

英国早在17世纪就完成了资产阶级革命，18世纪开始工业化的初步启动，经历了漫长的积累性渐变之后，自发出现现代生产力的飞跃和社会关系决定性转变，成功地进行了工业革命。其工业化的原动力是内部孕育成长起来的，它的产生与发展是平稳过渡和自觉生发，动力是内在的，既没有造成社会的断裂性大震荡，也没有遭遇外力作用的扭曲，从传统向现代的过渡具有渐进自发性。并且启始阶段其工业

---

❶ 李朔. 中英工业设计发展的社会思想比较研究 [J]. 艺术教育,2015(9):112–113.

设计在机械化大生产发展的影响下，出现了手工艺式微、艺术与技术分离的特点。英国工业化及英国式工业设计发展有其必要的社会历史条件，能够最早在英国出现，有其相当深刻的社会根源和文化背景。

2.1.1 英国工业设计诞生的社会背景

2.1.1.1 君主立宪制度与议会改革运动

17世纪的"光荣革命"是英国历史的转折点，改变了英国的政体，即从君主专制过渡到君主立宪制。自此，国家由议会治理，通过这场几乎不流血的"光荣革命"，英国完成了从君主专制向多元寡头政制的转化，开创了历史的新纪元。国王和议会交换了位置，在保留传统的表象下改变了政治制度，但这种转变的方式，是把长期冲突的两种历史传统巧妙地融合在一起，并从中产生出崭新的制度。两种对立因素的相互兼容，体现着一种历史运动的模式。在这种模式中，对立的两方面在冲突后达到融合，在融合的过程中超越传统，从而完成变革，进入一个新的发展阶段。冲突和融合相互制约又有其独特的作用，一方面，冲突是推动历史前进的动力，否则社会就永远停滞在落后的发展水平上。另一方面，融合降低了历史为进步而付出的代价，保证社会发展的长期稳定。"光荣革命"既是传统的沿袭，又是变革的手段，因此英国也形成了保守主义与激进主义两个政治主张，保守与激进之间的问题成为日后英国政治的主旋律，正是这两个倾向的冲突与融合，形成了英国式发展道路。

到"光荣革命"为止，合适的政治制度保证了宽松的经济环境，政府减少了对经济生活的干预，扫除了资本主义发展的政治障碍，实行有利于工商业发展的关税政策，对内经济实行相对宽松的政策与对外实行保护关税的政策，创造国民经济发展的良好环境。直到英国工业取得世界市场的垄断地位以后，才放弃保护关税政策转而提倡自由贸易，并且使殖民政策完全服务于本国的经济和政治利益。重商主义得到接受和认可，对外贸易越来越成为最重要的民生国计。正是在这种环境下，英国率先开始工业革命，并走上工业化发展的道路。事实证明，稳定的社会秩序，冲突中融合的运动方式是英国历史发展的实际需要。在此后300年中，英国再也没有发生过重大的社会动荡，稳定和平的政治环境使英国取得了惊人的进步。

工业革命发生以后，社会力量随之发生变化，孕育出两个新的阶级，工厂主阶级和工人阶级。然而，他们并没有政治权利。于是，新的阶级向土地贵族阶级要求分享政权，争取民主的斗争就此展开。此时期，英国社会存在着三大阶级，六支社会力量。在工人阶级内部，一支是手工工人，另一支是工厂工人。在中等阶级这一边，主要有旧式中等阶级和工业革命后形成的工厂主阶层。贵族也分成辉格党集团和托利党集团。❶经过长期的较量，第一次议会改革获得成功，中等阶级的多数获得了选举权，并取消了一批衰败选邑，从而使工业资产者的地位有所提升。权利得到重新分配，英国实现平稳过渡。

在这里，斗争不再是克服专制王权时那样的全民族的性质，而是不同利益阶级为争夺政权而进行的阶级斗争。在这个政治"民主化"的过程中，"无权的阶级"在斗争过程中变成"有权的阶级"，而这个过程是以冲突中融合的方式使新变革得以实行，冲突使"民主"的范围一步步扩大，融合则始终保持传统的延续性。同时，为适应变化的形势，适时将新的精神融入传统，逐渐形成了英国民族精神。现代政治制度的诸多要素，如分权原则，全民选举的原则，行政从属于立法、政府向选民负责的原则，法治而不是人治的原则等，都是最早形成于英国。民主化、法制化、制度化和效率化等这些对现代国家普遍适用的要求，也最早由英国提出。这充分说明其政治制度的优越性和合理性，也使得英国率先进入现代社会，成为其他国家效仿的对象。

2.1.1.2　经济环境与产业结构的转变

政治制度的变革为英国经济发展提供了宽松的环境，而工业革命是社会经济发展到一定阶段的产物。通过改革，扫除了资本主义发展的障碍，实现了政治上的统一，形成全国统一的经济市场；手工业生产达到一定水平，劳动分工的发展为技术变革提供了基础；封建土地所有制在农业中不再占据统治地位，商品化农业发展到一定水平，农业劳动生产率得到提高，农业产生了为工业提供资金和劳动力的潜力；农民和手工业者的权益被剥夺，出现了可以自由流动的劳动力市场；工业品市场扩大，对工业发展形成了足够的需求刺激；资本的原始积累取得进展，形成了可资利用的社会资本，为技术革新提供了必要的资金保障。

经过 18 世纪中叶开始的近 100 年的工业革命，英国棉纺织工业的产量和出口量分别增加了 25 倍和 31 倍。原棉消耗量从 1800 年的 5200 万磅增加到 1830 年的 2.48 亿磅，1850 年再增加到 5.88 亿磅。❷工业革命开始后的 100 年中，棉花进口量增加了 346 倍，棉纺织工业产值增加了 111 倍，出口值增加了 146 倍，过去需要进口的棉织品在工业革命后成为最大的输出国。钢和铁也在发明了焦炭炼铁法及新的熟铁和钢的冶

---

❶ 英国是世界上最早确立和实施两党制的国家。两党制是理解英国文化传统的一个重要视角。辉格党代表新贵族、商人和金融家的利益，他们利用议会斗争反对国王和托利党；而托利党代表没落地主阶级的利益，他们依附王室，压制政敌。18 世纪中叶前，英国仍是农业国，土地是社会财富的重要来源，土地贵族的经济实力相当强大，封建残余势力大量存在，托利党贵族寡头长期统治英国。工业革命完成以后，托利党以土地贵族为核心形成了保守党，辉格党以信奉自由贸易的工厂主为核心组成了自由党。1832年的议会改革使资产阶级获得了政治权力，使下院的组成开始发生变化，这次改革促进了两党制的形成，英国政党政治进入新的历史时期。辉格党和托利党经过长期演变，在 1832 年议会改革前后分别获得了自由党和保守党的称号。

❷ B. R. Mitchell. Abstract of British Historical Statistics[M]. Cambridge, 1962: 179.

炼技术后不仅自给自足并且产量猛增，到1852年增加到270.1万吨，**❶**比当时世界其他所有国家生产的总和还要多。由于钢铁和蒸汽机运用于铁路和船舶运输，使英国的铁路于1860年达到9000多英里，同时成为最大的航海和造船国家。

英国的经济和产业结构也伴随着工业化发生了全面的变化。农业、工业和服务业这三个主要产业在国民经济中的比重发生了根本的改变。具体表现在：农业在国民经济中的基础地位丧失，其比重持续减少。制造业、矿业和建筑业的重要性在19世纪大大增强，工业比重大大上升，到1881年上升比例最大时达到43%；商业和交通运输业在19世纪20年代以后持续增长。**❷**同时，出口商品的结构也反映出产业结构的巨大变化。工业革命后，英国出口商品以工业制成品为主，在1870年以前，纺织品占了出口商品的一半以上，以后这一比例逐渐下降，金属和工程制品的比例逐渐上升。**❸**

经济结构的转变给人印象深刻的是某些关键性部门的转变。根据产业的关联效应，一部门的变化必然会引起另一部门的变化。纺织业的发展对动力和机器的需求也促使采煤业、冶金业的发展和机器制造业的产生。**❹**在这些部门中，技术革新在增加产量的同时降低了生产成本，使商品价格下降，从而进一步扩大了市场，导致技术革新呈螺旋形不断上升的趋势。同时，大量的劳动力从农业部门转移到了非农业部门，资源得到了比先前更为有效的配置，资本从低产出、低效率的第一产业部门流向高产出、高效率的第二、第三产业部门，资本积累率大大提高了，经济呈现出工业化、城市化的态势。

总之，工业革命对英国的经济社会产生了深刻的影响，把英国社会向前推进了一大步。具体体现在：首先它极大地提高了社会生产力，使国民经济发生了一次前所未有的飞跃。其次，它改变了英国的经济结构，使一个以农业为基础的国家转变为以工业为基础的国家，使以农村居民为主的乡村社会改变为以城市居民占多数的城市社会。经济基础的重大改变使社会阶级结构也发生了相应的变化，主要由原来的大土地所有者和农民为主的社会改变为以资产阶级和无产阶级为主的社会。经济基础和阶级结构的变化对国家的政治制度和社会文化也产生了深刻影响。

2.1.1.3　近代科学革命与工业技术变革

英国工业革命最本质特征表现在技术创新层面。这一时期，"一波又一波发明和

❶ B. R. Mitchell. Abstract of British Historical Statistics[M]. Cambridge, 1962: 131.
❷ Peter Mathias. The First Industrial Nation: An Economic History of Britain 1700–1914[M]. London: Routledge, 1983: 223.
❸ 陈晓律,于文杰,陈日华. 英国发展的历史轨迹 [M]. 南京:南京大学出版社,2009:172-175.
❹ 陈晓律,于文杰,陈日华. 英国发展的历史轨迹 [M]. 南京:南京大学出版社,2009:162-164.

使用各类新式机械装置的浪潮开始席卷英国各地。"❶如蒸汽机、珍妮纺纱机、水利织布机和焦炉冶铁技术等诸多重大发明和巧妙技术工艺相继问世。正是这些新发明、新工艺搭建起孕育各类技术创新的平台，进而推动了英国技术革命不断深化。

而在此之前的科学革命为机器生产时代的到来和持续不断的技术发明提供了准备。早在16世纪末17世纪初，英国大学就开始重视实用科学，牛津和剑桥两所大学已开设数学和理科课程，并增设自然哲学、道德哲学、阿拉伯语、物理、植物学等课程，培养了威克利夫、吉尔伯特、波义耳、胡克、培根和牛顿等一大批科学家先驱。这一时期，科学领域的成就不仅是科学家的新发现和新学科的建立，而且还通过科学家的实践和自然哲学家的总结，建立了一套行之有效的科学方法论，为科学技术的持续发展奠定了基础。如弗朗西斯·培根先后发表的《学术的进展》和《新工具》，提倡对事物进行系统观察，不带偏见地收集事实，在大量经验和事实的基础上进行分类和鉴别，找出事实与事实之间的联系，其理论为科学方法论的形成作出了杰出的贡献。同时，依据科学方法设计试验环境很快被移植到技术改良活动中，例如乔赛亚·韦奇伍德为了摸索出陶瓷胚胎和釉面的最佳配料工艺，先后进行过数千次受控试验。

随着科学研究的日益活跃和科学家交流的逐渐加强，学术组织也随之产生。1660年，英国成立了"皇家学会"，旨在"增进关于自然事物的知识和一切有用的技艺"，促进制造业、引擎和其他机械的发明和制造，推进科学研究。❷在交流科研信息、促进科技成就推广方面起到了巨大的组织作用。1754年，成立了"工艺制造和商业促进会"（The Society of the Encouragement of Arts, Manufactures and Commerce）（后改名为"皇家工艺协会"），该学会为解决生产中的瓶颈问题设立专门奖项，奖励技术发明者，推动技术革新运动，在科学、技术和社会改革方面作出了大量的成就。18世纪下半叶英国又成立"伯明翰新月会"地方性科学协会和"曼彻斯特文哲会"等学术团体，这些团体在促进学术交流和技术进步方面起了积极作用。最新的科学知识引起中产阶级的重视，技术成果从纸面上转化为生产力，较早地渗透到商品生产领域，使得英国在技术革新、机器的发明和应用方面走在世界的前列。

18世纪60年代，英国开始前所未有的技术革新浪潮。机器发明已不是个别现象，而是一个持续的过程，涉及工业生产的各个领域。此时期涌现出纽卡门、瓦特、阿克莱特、哈格里夫斯、克隆普顿、卡特莱特、达比、科特、韦奇伍德和斯米顿等发明巨匠。他们分别在蒸汽机、棉纺织机械设计、冶铁技术、陶瓷烧制技术的改良、

❶ [英] 罗伯特·艾伦. 近代英国工业革命揭秘 [M]. 毛立坤，译. 杭州：浙江大学出版社，2012：210.
❷ 王章辉. 英国经济史 [M]. 北京：中国社会科学出版社，2013：129.

民用工程设计等领域取得了关键性的技术突破。莫凯尔将不同类发明成果区分为宏观性发明成果和微观性改良成果。宏观性发明（基础性发明），即机械化发明创造和技术创新幼年期。例如，纽卡门（Newcomen）设计的蒸汽机和哈格里夫斯（Hargreaves）发明的珍妮纺纱机（图2-1），阿克莱特发明的"水力纺纱机"（图2-2、图2-3）就属于宏观性发明，因为这些发明为后续的一系列技术进步奠定了基础，最终导致整体性的生产力水平大幅提高。微观性改良是基于宏观性发明所开辟的技术创新路径，从各方面加以精巧改良使这些新机械、新发明和新技术逐渐步入成熟阶段，并在实际生产中推广应用。

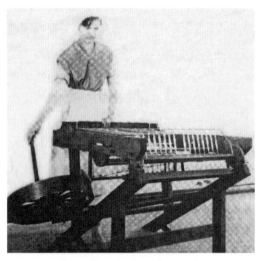

图2-1　哈格里夫斯发明的"珍妮纺纱机"
（1770年款）完整复原造型图 ❶

图2-2　阿克莱特发明的"水力纺纱机" ❷

图2-3　阿克莱特发明的"水力纺纱机"（约1775年）造型图 ❸

❶ [英]罗伯特·艾伦. 近代英国工业革命揭秘 [M]. 毛立坤, 译. 杭州:浙江大学出版社,2012:292.
❷ [英]罗伯特·艾伦. 近代英国工业革命揭秘 [M]. 毛立坤, 译. 杭州:浙江大学出版社,2012:301.
❸ [英]罗伯特·艾伦. 近代英国工业革命揭秘 [M]. 毛立坤, 译. 杭州:浙江大学出版社,2012:302.

表2-1按照不同行业分类展示了18世纪英国出现的79位重要发明家的具体分布情况。虽然在蒸汽机制造业、纺织业及丝织业和冶金业这三个变革最为显著的工业行业中涌现出很多享誉后世的发明家，但在陶瓷加工业、机器制造业和化学工业等技术变革不算特别突出的工业行业中，也出现了一批出色的发明家。此外，在钟表制造业、仪器设备制造业和远洋航海业这三个当时的"高科技"行业中，同样不乏作为的发明家大显身手。

表2-1　18世纪英国重要发明家所属行业分类统计表❶

行业分类	宏观性发明家	二流或三流发明家	合计
蒸汽机制造业	2	6	8
纺织业及丝织业	4	9	13
冶金业	2	8	10
陶瓷加工业	1	11	12
机器制造业	1	12	13
化学工业	0	10	10
钟表制造业	0	8	8
仪器设备制造业	0	3	3
远洋航海业	0	2	2
总计	10	69	79

　　18世纪下半叶和19世纪是技术革新和发明层出不穷的时代，技术发明专利迅速增加。1771—1780年，10年颁发专利297项，1781—1790年增加到512项，1791—1800年655项。❷表2-2所示的指标反映了这一时期创新的情况。英国工业革命通过这些宏观性发明获利丰厚，并且通过各方面微观性改良后，使前述发明能够在更大范围中使用，给国家、制造商和使用者带来可观的经济收益。英国经济凭借这些宏观性发明性成果（及其后续的改良性成果）在相当长的时间里保持稳步发展的势头。也正是在国内外市场对新产品或新技术的高需求，以及利益的驱使下，加速刺激了英国对机械化大生产热情的持续升温。

❶ [英] 罗伯特·艾伦. 近代英国工业革命揭秘 [M]. 毛立坤，译. 杭州:浙江大学出版社,2012:379.
❷ [英] 罗伯特·艾伦. 近代英国工业革命揭秘 [M]. 毛立坤，译. 杭州:浙江大学出版社,2012:379.

表2-2　18世纪英国技术专利 ❶

专利类别	1770—1779	1780—1789	1790—1799
动力资源（原始发动机和泵）	17	47	74
纺织机器	19	23	53
冶金机械	6	11	19
运河与道路建设	1	2	24
小计 （占所有专利的百分比）	48 （16）	90 （19）	170 （28）
所有资本品专利 （占所有专利的百分比）	92 （31）	168 （34）	294 （45）
所有专利	298	477	604

　　18世纪的英国还具有高工资、廉价能源供应等内在特征。这一时期，廉价的能源供应推高了民众的工资水平，进而促使各种各样能够有效减少雇工工作量的新发明、新技术的发明，从而扩大了英国社会对新技术的需求；同样，高工资现象促使民众"渴望消费更多（新）产品"，使从国外输入的舶来品等昂贵的"奢侈消费品"在英国市场份额增加，无形中提供了国内厂家竞相研发新产品投放市场的动力。始于英国而后遍及欧美的铁路建设，同时促使了商业的扩张，因为这使原材料与商品的运输更为快速和便利。另外，铁路也方便了以旅游的形式同时开展的商贸活动。高工资现象还意味着英国大多数人口有能力支付接受教育或相关培训的费用，通过识读、计算等各方面能力的培养，高素质人才资源数量增多，这些都为各种新发明、新技术和新工艺的研发提供了雄厚的基础。

　　科学的革命加快了研发活动的过程，并对社会文化环境发挥了总体性的影响，使全社会形成了有利于推进科学研究的思维模式，社会公众逐渐领悟和接受了这些伟大科学所取得的成就，并在脑海中构建起一种新的、充满科学理性的世界观。韦伯提出"此时的人类对物质世界的认知水平日益深入。" ❷英国文化氛围开始转变，各行各业的工匠借助学习科学常识，也通过参加各类科技讲座来汲取有益的知识，逐渐接受以牛顿学说为理论依据的科学知识体系，日渐认可（以牛顿学说为理论依据的）机械世界观。印刷技术的进步，包括蒸汽滚筒印刷机、平板印刷术和石版套

---

❶ T.s.Ashton, The Economic History Of England [M]. The 18th Century, P107.
❷ [英]罗伯特·艾伦. 近代英国工业革命揭秘 [M]. 毛立坤, 译. 杭州: 浙江大学出版社, 2012: 404.

色印刷术、造纸机以及连续进纸工艺的引进，有助于向大众普及知识和文化。各个领域出现的进步不断推动更多的新技术和新观念的涌现。牛顿创立的科学体系和机械世界观日益深入人心，此时期出现的众多发明家及其示范效应从整体上改变了社会文化氛围。全社会对机械化大生产与新技术发明呈现出旺盛的需求。因此，这一时期取得了大量的技术进步，其相互依存又互相促进，加上劳动力和弹性市场的变化，整个社会呈现出一幅乐观向上的进步场景。

2.1.1.4　贵族文化与自由主义

"文化不是一个自变量。影响文化的因素包括地理位置和气候，政治以及历史的变幻无常等。"❶文化是随着时代发展而不断变化的，每一时期都有其占据上风的主流文化和意识形态。

（1）开放型地域文化

与中国的"封闭型"地域文化相反，英国则是典型的"开放型"地域文化。所谓开放型社会，是指自身的发展受自然条件的局限，但对外贸易和交往却比较便利，因而与不同民族的文化交流频繁，形成多元化的文化特征。❷开放型社会大体上与海洋文化相对应，较封闭型社会更有机会接触外界，以取他人之长补己所短，在不同文化的杂糅中吐故纳新。❸18世纪中期以来，开放型社会依靠新兴工业革命的背景，获得了工业化的优势，一改手工业设计为主的格局，成为现代设计的摇篮，在全球激起了设计革命的波澜。❹

英国作为典型的西方大国，其文化观念传承着古希腊罗马的精神传统。作为西方文化滥觞的古希腊罗马文明诞生于蓝色的波涛之中，其疆域主要由狭长的半岛和沿海岛屿组成，是典型的海洋地理环境。殖民扩张的历史使欧洲人能够放眼世界，将整个世界作为活动的舞台，从而铸就了其广为吸纳的个性。正如黑格尔所说："大海给了我们茫茫无定、浩浩无际和渺渺无限的观念，人类在大海的无限里感到他自己的无限的时候，他们就被激起了勇气，要去超越那有限的一切。大海邀请人类从事征服，从事掠夺，但是同时也鼓励人们追求利润，从事商业。平凡的土地、平凡的平原流域把人类束缚在土壤里，把他卷入到无穷的依赖性里边，但是大海却挟着人类超越了那些思想和行为的有限的圈子。"❺开放的地理环境为古希腊罗马文明的

❶ [美]塞缪尔·亨廷顿,劳伦斯·哈里森.文化的重要作用——价值观如何影响人类进步[M].程克雄,译.北京:新华出版社,2002:16.
❷ 诸葛铠.设计艺术学十讲[M].济南:山东美术出版社,2009:282.
❸ 李朔.中英工业设计发展的社会思想比较研究[J].艺术教育,2015(9):112–113.
❹ 诸葛铠.设计艺术学十讲[M].济南:山东美术出版社,2009:282.
❺ 黑格尔.历史哲学[M].北京:商务印书馆,1963:134.

发展提供了沃土，铸就了西方人用于开拓进取又长于兼容并蓄的开放型文化性格。"没有希腊文化和罗马帝国奠定的基础，也就没有现代的欧洲。"❶古希腊罗马文明的这种开放型文化性格深深地渗入了大不列颠人民的血液中。就英国本身的地理环境而言，英国作为欧洲西北部的岛屿国家，具有十分重要的地理位置。海岸线曲折，港湾密布，陆地中心距离海岸不超过120公里，有优越的航海条件。这使得英国成长为世界首屈一指的航海大国之一，积极开拓海外殖民地。这也是开放型社会之特征。这些地理环境特征让英国人很好地继承了古希腊文明中开放型文化性格，勇于开拓进取，兼容并蓄。

另一方面，英国又有其与生俱来的独特性。由于其孤悬海外的岛国地位，使英国在漫长的历史时期中不易受到外来势力的侵扰，维持了英国与欧洲大陆之间若即若离的关系，也形成了其独特的岛屿国家文化性格。从而免于欧洲大陆的战争和侵扰，加上对岛屿的依赖，让英国人有一种高于大陆人的优越感，保持着对大陆的疏远感和偏见。大文豪莎士比亚在作品中就曾描述过这种岛民心态，流露出对自己国家处于大海之中的优越感，如《查理二世》里冈特的老约翰说："这镶嵌在银灰色大海里的宝石，那大海就像一堵围墙，或是一道沿屋的壕沟。"❷英国所处的独特地理位置为英国的发展带来了无限契机，让英国人具有自信、民主和开拓精神。

独有的岛国情结还使英国人在面对外界事物的变革时抱有一种观望和怀疑的态度。这在后来工业设计的发展中，特别是设计思想与理念交流方面的表现最为突出。一位英国学者曾把英国人从其本国的土地、四周的海洋、天气以及其历史上的变迁中所吸取的美德归功于"面对怒海飓风或数周地等待无风的航船水手，听命于无法预报的天气、立足荒凉土地的农民，北方惊涛骇浪、浓雾弥漫的海上渔民，渺无人烟的野地里的孤独牧羊人，荒野里的猎人，世界各地的冒险家，在敌军骑兵冲击下毫不退缩的方阵中的士兵，海盗，骑手。"❸正是艰苦的生活教会了英国人如何表现得勇敢、机智、耐心、看得远和自我克制等。

如前所述，英国人充分利用岛国区位优越向海洋扩展，为英国取得海上霸主地位奠定了基础。英国工商业和航海业的强大无疑促进了近代西方资本主义生产方式的发展。英国同欧洲大陆崛起之国把西方人的商业贸易与海外殖民活动扩展为世界性的事业，推动了新型工商业组织的建立和资本主义萌芽的产生，从而为18世纪的工业化奠定了坚实的基础，工业革命应运而生。英国成为第一个进行工业革命的国

❶ 马克思恩格斯选集(卷三)[M]. 北京：人民出版社，1976.

❷ 陈伟. 岛国文化 [M]. 上海：文汇出版社，1992：58.

❸ 图仁编. 绅士英国 [M]. 南京：江苏文艺出版社，2000：83.

家，也是第一个工业化国家。工业革命给人类带来的机器文明，彻底变革了人们的生活方式。以工业化大生产方式产生的商品冲击着人们传统观念，而准确操作的机器具有一种人类无法企及的精确度。工业革命是由传统的手工技艺发展为工业设计的转折点，它使富有创新意识的设计从生产中分离开来，预先进行形态的思考控制了产品的质量。纵观整个工业设计史，可以说没有工业革命就没有现代工业设计。

英国作为典型的开放型社会，还具有多元杂糅的基因，其设计在形成阶段就因独特的人文地理环境而有不同文化的杂糅，不拒绝外来文化，并从外来文化中获取新的因素。英国人极其善于把其他民族的优点融入自己的生活当中。第二次世界大战时期英国的杰出领袖丘吉尔对此也深有感触，曾说道："岛上的居民对欧洲大陆上的权力易手、信仰变化乃至各种时尚并非无动于衷，但是，他们对来自国外的每一种习惯和原则都做出独特的改动，盖上自己的印记。"❶在这种不同文化融合的氛围中，勇于吸纳和创新成了英国人的传统特质。

（2）贵族文化与自由主义

从中世纪晚期到工业革命期间，英国经历了文艺复兴、宗教改革、光荣革命和议会改革等一系列历史事件，社会文化在很多方面随之产生了重大转变。文化是一个动态发展的过程，英国社会发展的不同时期占据主导地位的文化形态也各不相同，如贵族文化、自由主义、科学主义等直接影响了英国工业设计的发展与变革。

从近代开始，随着工业化和中产阶级的兴起，贵族的权利有所削弱，但直至20世纪初他们仍然控制着英国社会。贵族权利的象征是上院，上院是英国最高的司法机关，对司法大权的控制是贵族权利的一个重要来源，同时雄厚的经济实力也为英国贵族特权奠定了基础。社会既是一个贵族社会，那么贵族便是社会的主人，强烈的主人公意识和社会责任感让其成为民众的表率。贵族阶层的言行和生活方式成为社会追随的一种目标，并在漫长的历史发展中形成了一种独特的行为准则和价值标准，这就是史学家所说的矜持待人、保守、故步自封等诸多品质的混合。其在不同的时代环境有着不同的表现形式。英国人对传统的尊重，又反过来加强了这种权威的基础，虽然几百年来英国围绕旧制度进行过若干斗争和改革，但始终没有触动贵族制度，贵族精神也从来没有被否定，"向上流社会看齐"的观念影响着社会各阶层，并成为一种民族文化的心理积淀。

宗教改革以后，英国便产生了一种新的政治态度和哲学形态，即自由主义。自由主义是新兴中产阶级的产物，中产阶级以其自身的进取获得财富，否定君权神授，

❶ [英]温斯顿·丘吉尔.英语国家史略[M].薛力敏,林林,译.北京:新华出版社,1985:5.

相信能够通过自身努力改善当前的际遇。在传统谋生方式的制约下，一个人的命运与自己的奋斗并无多少必然的联系，他们的命运几乎是注定的，而市场经济的社会结构为其施展抱负提供了充分的条件。贸易的发展给工业的发展创造了机会，工业的发展又促进了专业分工，专业化分工产生出众多新的技术，又创造出更多的市场。亚当·斯密认为人的行为是由六种基本动机组成的，即自爱、同情、追求自由的欲望、正义感、劳动习惯及交换，一切个人行为的原始动机都大同小异，人人都是自己利益的最好判断者，因此应该让其享有按自己方式行动的自由。假如不受外界的强力干预，不仅会达到其最高目的，而且还有助于增进社会利益。❶他的"自由放任"或"不干涉主义"为自由追求财富进行了道德上的辩解。随后，大卫·李嘉图在《政治经济学及赋税原理》中也提出了经济个人主义、自由放任、服从自然法则、契约自由、自由竞争和自由贸易等一系列经济学主张。自由放任主义成为19世纪英国经济政策的指导思想。这不仅改变了国家经济，而且完成了价值观的转换，追求财富的活动得到了合理主义的解释。孟德斯鸠曾经认为，英国人在"虔诚、商业和自由"三个方面走在世界其他民族之前。中产阶级对自由的追求与他们对财富的追求紧密相连，无论是主观还是客观，都带有合理谋利的色彩，这推动了工业精神的形成。

政治制度的变革使不同阶层的人得到了上升的机会。因此，雄心勃勃的英国新兴阶级在经济上、政治上努力开创新领域，向上流社会看齐逐渐成为全民族的价值取向。曾经有一位英国公爵这样说道："首相可以制造一个公爵；假如一个人可以通过他自己的才智上升到那个位置，没有人会去想他的父亲或是祖父是谁……我们的贵族是靠着不断地从人民中吸收新成员而获得其自身的力量的。"❷

工业革命中的社会变动在客观上为各阶层提供了某种上升的机会。于是，中等阶级（工业资产阶级）借工业革命之助树立起经济和政治上的优势，并千方百计地想要挤进贵族的行列。因此，在文化特色上带有明显的向上模仿的因素。中等阶级最终确立起自己的"文化优势"，这个优势中向上模仿的因素向全社会蔓延开来，结果在文化精神方面呈现出中层模仿上层、下层模仿中层的局面。而作为英国民族精神外化的"绅士风度"。

2.1.2　肇始阶段英国工业设计的特点

2.1.2.1　手工艺的式微

英国工业化始于18世纪中叶，到维多利亚女王登基的19世纪中叶，工业革命

---

❶ 易红郡. 英国教育的文化阐释 [M]. 上海：华东师范大学出版社，2009：20.
❷ 安东尼·特洛罗普. 公爵的孩子 [M]. 牛津：牛津大学出版社，1983：390.

已经发展得如火如荼。历史学家托马斯·卡莱尔（Thomas Carlyle）称维多利亚时代
为"机器的时代"（The Age of Machinery）。为了向世界彰显实力、展示工业革命所
带来的繁荣和进步，英国于1851年在伦敦举办了世界性的工业产品展览会——伦敦
万国工业品博览会。从某种意义上来说，伦敦万国博览会是展示英国工业革命胜利
果实的大会，标志着西方世界进入以工业文明为主导的新时代。此次盛会体现了维
多利亚时代王室、政治家、工商界人士与普通民众对机械化大生产、工业革命成果
所持有的态度。博览会也被称为"水晶宫"博览会，源于其另一项成就——水晶宫
展厅。一方面，由于筹建时间紧迫，无法在短时间内用传统的方式建设完成；另一
方面，考虑到大型构件组成的框架拆除后的再利用；因此，建筑师约瑟夫·帕克斯
顿（1801—1865）设计了一个临时的性建筑物（图2-4、图2-5）。展厅在17周内建
成，在由3300根铁柱和2300根横梁组成的漂亮结构上，安装了80万平方英尺的玻
璃，共使用钢材超过4500吨，玻璃30万块，这在当时就是一个天文数字。展览厅是
第一座大规模地使用铁和玻璃的建筑物，也是一座主要用预制件建成的如此规模的
建筑物。水晶宫展现了工业科技所带来的审美可能，彩绘的栏杆、高高的拱顶、均
匀排列的游廊，成为现代、进步和信心的有力注解与诠释，其本身就显示了工业化
时代的成果和英国超强的国力。

图2-4 工业博览会展馆"水晶宫"外观❶

❶ [美]大卫·瑞兹曼,[澳]若澜达·昂. 现代设计史 [M]. 李昶,译. 北京:中国人民大学出版社,2013:65.

图2-5　工业博览会展馆"水晶宫"内景❶

　　此次博览会是在艾伯特亲王（1819—1861）的支持下，以及亨利·科尔（Henry Cole）和其改革团队的组织下成功举办的。艾伯特亲王对科学和艺术在工业中的应用具有强烈的兴趣。此次展会名为世界艺术与工业展览会，旨在筹办具有竞争机制的工业展览来推动英国工业的发展。展览展出来自英国本国的工业企业作品及外国的14000家生产商的100000件展品，展品既有大型的机械设备，又有简便轻盈的工具。从火车机头到蒸汽锅炉，从收割机、磨面机、纺织机、缝纫机、印刷机等。这些琳琅满目的工业产品受到人们的欢迎，从大众对水晶宫的反应中，可以看出其乐观精神、对进步的坚定信念和物质主义交织在一起。工业博览会其目的就是对大众教育和劳动成果的庆祝，并鼓励各个阶层的人们都应该积极参与其中。展览刺激了英国的发明创造，对英国产生了非常积极的影响。可以说，万国博览会标志着英国严格意义上的工业设计的开端。

　　然而，博览会在庆祝制造业的生产力和进步的同时，参差不齐的展品品质、公众的审美品位却受到许多建筑师和艺术家近乎一致的批评。陈列的多数工业产品，折中主义被肆意应用，装饰设计缺乏固定的设计原则。例如，十字军坟墓的火柴盒，镶嵌花卉装饰的桌面，甚至火车头和蒸汽机等机械也模仿帕克斯顿建筑的优雅，加以烦琐的装饰。制造商复制奢华的图案，运用烦琐的装饰，但往往与产品功能毫不相干。各种奇特的雕刻，赋予寓意的铸件，以及机械和装饰的荒谬综合出现在博览会上。建筑师兼设计师欧文·琼斯指出"装饰永远不应该被刻意建造"，而展览的大多数商品都显得"新奇，但缺乏美感；唯美，但缺乏智慧，所有的作品都缺乏信

❶ Richard Stewart, Design and British Industry, 10–11.

念。"❶拉尔夫·沃纳姆也阐述了美与实用和谐的信念，对过度泛滥的奢华家具提出了批评，指出良好的品位才能为卓越的设计提供一个永久的坚实基础。

随着英国工业化的不断深入发展，机器大生产开始以迅捷的步伐替代传统手工业，手工业在社会经济生活中的传统地位变得岌岌可危。机器大生产所造成的设计与制作的分离，使设计师仅作为补充而常常被忽视。产品不再是一代又一代的工匠用手工精制完成，而是标准化、专业化、同步化、集中化的生产，间接带来了工匠们创作力的衰退和工艺美术中美学标准的紊乱。

工业革命被描述成工业和手工艺之间公开和直接的冲突，一方强调的是数量和标准化；另一方强调的则是质量和个性。我们可以从其发展轨迹看到，机器替代手工工具、原始工厂系统组织形式的出现、劳动分工日益细致等。齿轮和螺杆使用的大规模化，以及以精确的机器动作取代由机械自身重量或操作者肌肉产生运动的普遍化。这些对所有既需要技艺又需要力量的生产过程均产生了重大影响。技艺本身则因不断出现的新发明而贬值。例如，17世纪织袜机的应用，赛过了家庭手动编织机（图2-6）。英国著名的钟表匠托马斯·托姆平曾经以每星期3~4只的速度制造过大约6000只表以及大约550只钟。同时，维多利亚时代的发明引起了制造技术使用范围的不断扩大。许多发明都是为了使产品的再生产能够更为廉价和迅速，这些革新不断改变着手工艺的面貌。"设菲尔德盘"工艺早已成为一种廉价制造银器的方法（图2-7），❷将铜片卷在两层银箔中，并和银箔融合在一起。但在那时，这种相对简单的方法被一种更为科学的方法取代了。1840年埃尔金顿（G.R Elkington）提交了一项电镀专利。通过电镀工艺，一层薄薄的银层可以被镀在一件贱金属胚件上。与

图2-6 17世纪织袜机❸

❶ Frederique Huygen. British Design –image & identity[M]. London: Thames and Hudson Ltd, 1989: 50.
❷ [英]爱德华·卢西·史密斯. 世界工艺史 [M]. 朱淳，译. 杭州:浙江美术学院出版社,1992:163-165.
❸ [英]爱德华·卢西·史密斯. 世界工艺史 [M]. 朱淳，译. 杭州:浙江美术学院出版社,1992:151.

图2-7　用设菲尔德盘工艺制作的糕饼篮，1760—1770**❶**

之相关的电铸工艺，使整个工件在电镀缸中制作出来，其原型可以是一件当代的金属制品，也可以是一件早期的银器，甚至可以是一件天然物品，诸如一片树叶或一枚贝壳。这被当作复制天然物品的一种方法。设计者和手工艺人很快将电铸看作是一种尤其适于大量复制的技术。但这项技术本身毫无个人风格可言，并且与过去的制作工艺相去甚远。

自工业革命以来，快速增长的工业生产对手工艺及日用品设计的影响变得极为复杂。在机器生产的竞争下，手工艺缓慢、不合乎时尚的、落后的生产方式不适合快速度、高效率的工业化物质生产。究其原因，首先，由于当时历史的局限，导致人们不可能对手工艺有很深刻的理解，在物质不富裕的情况下，人们不再要求高趣味或高品位的手工艺品，人们所需要的是廉价的物品。工业革命依靠生产大批实用的产品和降低许多家庭用品的价格，大大地拓宽了市场，使得日常生活用品几乎全被机械化产品所取代。讲究高品质的手工艺品自然无法与之竞争。虽然当时工业革命促进的机械化生产，使得一般产品的质量有所降低，但如果要求恢复到手工生产的时代，则不符合现代文明的潮流。人们已经无法否定技术文明所带来的一切既成事实。其次，当时正处于工业革命上升的初期，有关机器生产带来的负面影响，如人性的异化、生态平衡等方面的问题还未显现出来，所以人们对科学、对机器生产充满幻想，流行着一种科学乐观主义。即科学和技术成就的巨大进展，使人们毫不怀疑地觉得一切问题似乎都可以立即解决，因此，认为机器是文明和未来的象征。

2.1.2.2　艺术与技术的分离

手工业社会不具有工业社会机械化带来的高速发展的生产力。虽然出现了许多像纺车等器械，甚至相当规模的工场或作坊也建立起来，但是产品仍是依靠手工逐个完成。相对于机械化生产，这种有限的技术水平必然表现出生产的慢节奏、低效率和小规模，以及销售市场比较封闭的特征。手工业的技术条件和组织方式迟迟未能使设计活动作为一种独立思考活动从制造过程中明确分化出来。担任设计的手工

❶　[英]爱德华·卢西·史密斯.世界工艺史[M].朱淳，译.杭州：浙江美术学院出版社，1992：165.

艺人同时又是制作技艺高超的工匠，也就是说，一个产品的创造往往都是由一个工匠贯穿了其构思活动和生产制作的全过程，其必然是集精湛的制作技艺和艺术创造的灵感于一身。

直至18世纪工业革命开始，这种以经验性、整体性把握事物，以及产品中技术与艺术、功能与形式之间建立的和谐关系才被强大的技术力量所动摇。劳动单位由单人演化为群体，劳动分工也日趋成熟。《国富论》（*The Wealth of Nations*）一书中有关制针工厂情况的描述者亚当·斯密这样写道："一个工人抽出铁丝，另一个工人将他弄直，第三个人将其截断，第四个人做针尖，第五个人将另一端磨平以便制成针尾。做这样的针尾就需要二至三道不同的工序……甚至将针插在纸上也是种手艺。制作一枚针最重要的就是这不同的八道工序。比如，花边的制作被分为至少七道工序，不同的工序由不同的人承担，而设计工作则由作坊师傅分段地承担。" ❶

2.2 中国工业设计的"外源化"发展

中国的工业化启动发生在19世纪，从时间上与英国并不在同一起跑线上。不同于英国原生性的工业进程特征，中国工业化启动是外来的、被动的，它是在外来异质文明的撞击下激发或移植引进的。因此，中国工业设计在此阶段呈现出由于进口替代导致的模仿倾向以及缺乏合理结构的特点。

2.2.1 中国工业设计萌芽与初生的社会背景

2.2.1.1 外族入侵与社会结构的转型

清政府的失败直接导致与西方丧权辱国条约的签订和外来资本强行入侵的社会格局，中断了中国封建制度的继续发展，打破了传统的社会形态，自此中国逐渐沦为半殖民地半封建社会。在这段特殊的历史时期中，中国的政治、经济、社会及文化面临巨大的变化及激烈的变革。从而决定了近代中国社会结构变革的必然性，以及现代化转型的必要性和艰难性。

鸦片战争之后，随着资本主义列强从军事、政治、经济、思想文化乃至社会习俗、价值观念等对中国的殖民入侵，旧有封闭的社会系统被打乱，中国固有的、传统的社会集合体之外出现了一个具有威慑力的西方资本主义力量，而旧的社会构架在逐步解体中则力所能及地去反抗资本主义列强的控制。在控制与反控制的较量

---

❶ [英]爱德华·卢西·史密斯. 世界工艺史 [M]. 朱淳, 译. 杭州: 浙江美术学院出版社, 1992: 132–133.

中，中国变成了一个"不中不西"的半殖民地、半封建社会，新生的和旧有的各种社会阶层都带有畸形色彩。可以说，中国近代社会是封建制度向资本主义制度过渡状态中的社会，或者说是制度转化型社会。在这样一个新旧交替的时代，新的生产方式刚刚产生需要发展，旧有的残余拼命压抑。此时的中国，如法国思想家福柯（Michel Foucault）所描述的是一个巨大的"时期的断裂"（chronological break）❶。在各个层面，皆经受到由外至内的强烈震荡（表2-3）。

表2-3　中西社会背景对比

领域	西方社会	中国社会
政治	资本主义政治观念及制度	封建的现实与追求西方政治制度之间的矛盾
经济	资本主义生产方式 （包括工商企业、资本、商品等）	小农经济根深蒂固，近代经济缓慢成长，强大的外国资本主义的威胁和刺激
文化	资本主义文化"西学"	中学优越、西学中源、西学近古、中体西用、中用西体、全盘西化的争论和演变

近代中国社会结构的变化，究其原因，是经济结构、经济制度、分工与职业诸因素联合起作用。中国古代社会的农业经济结构和农业生产方式，以及与此相适应的政府的重农抑末政策，使得家庭成为社会细胞，宗族成为社会核心组织，民间社团组织不发达，特别是缺乏全国性组织，而随着商品经济的发展，反映工商业者愿望的团体出现，如公所、行会以及会馆。经济制度对社会阶级结构起着决定性的作用，在实行领主制时产生领主、农奴不同的社会集团，并使他们分别处于特权等级与贱民等级，而当地主制代替领主制后，出现地主与佃农两个社会集团，但地主已不一定是等级结构中的特权者，佃农则是等级结构中的半贱民或平民，并逐渐成为平民中的重要成分。这种经济制度还影响着政府结构——是分封制下的君主专制，还是中央集权的绝对君主专制。在古代，职业决定人的社会身份、群体的社会地位。社会经济因素的变动，往往带来社会要素的变化，导致社会结构的演变。而近代社会，外国资本的强行植入，造成旧有经济结构的严重破坏。太平天国、义和团等的揭竿而起，加速了传统自然经济的瓦解。中国大地上出现了外国资本、官僚资本和民族资本三重结构的经济形态。与两千年封建社会的一项重大不同是产生新的阶级。新阶级的产生对社会等级结构和社会群体结构以重大影响，也影响和改变着社会的阶级斗争、政治斗争和国家体制。清代后期，近代工业社会经济结构和生产方式的

❶ Foucault, Michel. The Archaeology of Knowledge[M]. London: Routledge, 1977: 1.

发生和初步发展，产生了资产阶级，即从官僚、地主、买办和工商业者中分化出一批人，同时相伴而生的是工人阶级。资产阶级和工人阶级改变了社会结构的状态及整个社会的面貌。同时，等级制消失，政权结构发生变化。到了清代后期，近代的生产方式产生了，冲击着封建生产方式及其上层建筑——封建政治制度和等级制度，这就使得当时存在的人身隶属关系受其威胁，本来这种关系在宋清年间已出现削弱的趋势，至此更难于维持，而到辛亥革命后被正式废除。等级制的削弱和取消，是历史的进步，标志着古代社会的结束，近现代社会的到来。

　　同时，19世纪中叶，中国受到西方国家扩张的威胁，被迫扩大与西方的交往，一种经济和社会变动已在酝酿中。与西方有所不同的是，这种转变并不是中国社会自身平稳发展的自然过渡，而是在外来力量的强制推动下开始的转变，并具有强烈的突发性，从而迫使中国不得不面对这一社会结构变革与"现代性"挑战。

　　社会的结构性变革是内部和外部压力的合力共同作用的结果。"现代性"对中国社会而言是历史性的突如其来的遭遇。一方面现代性打破了中国社会原本平缓发展的运行机制，并从外部强行将"殖民主义"的种子植入肥沃的中国大地，造成中国社会在现代转型中持续不断地产生动荡，出现混乱而复杂的局面；另一方面由于现代性的内在要求，也开始促使中国社会政治、经济、文化朝着趋同于西方现代文明缓慢过渡。在此之前的近1000多年中，中国社会基本上处于封建的农业社会轨道上稳定而迟缓地运行，在此之后这一历史进程也是西方现代性侵入中国并且迅猛而深入地展开的过程。

2.2.1.2　洋务运动与中国近代工业肇始

　　经过半个多世纪的漫长时间，到了中日甲午战争时，其成就依然是很有限的。然而它对中国工业发展和社会经济却起到了重要而深远的影响。

　　进入19世纪60年代，国内外形势迅速变化，在经过了两次鸦片战争失败的惨痛教训后，清政府统治集团在对外政策上有一个较大的变化，集中表现为兴办洋务。洋务运动从购买和制造枪炮船舰开始，发展到兴办工业，附带还有译书和办学活动。同时，由于外国资本主义的刺激和封建经济结构的某种破坏，一部分商人、地主和官僚也开始投资于新式工业，大机器工业即近代工业便由此产生。在此之前，中国仍处在自然经济的社会中。因此，洋务运动开启了近代工业，是中国近代史上的一次"工业革命"，是19世纪世界经济近代化潮流的一个组成部分。

　　洋务运动以创办机器大工业为主要内容，兴办多门类的近代工业：包括几百家前所未有的机器工业，使中国开始有了机器生产的军事工业、造船舰厂、钢铁厂和煤铁等开矿基地；开创近代交通事业，建筑了铁路，架设了电报线路，成立了中国第一家轮船公司；创办了机器制造商品的轻工业；创设了机器织布、纺纱、织呢、制麻、缫丝等工厂。这些均奠定了近代军事、重工业、交通和轻工业的基础，促进了中国近代经济、文化和社会的进步，对外国的殖民入侵起到了一定阻挡作用。鸦片战争后，清政府洋务派被西方的坚船利炮所震慑，认识到"外国强兵利器，百倍中国"，必须正视现实，善以自处，提出"借法自强"的开放政策。为了安内攘外，洋务派亟亟然兴学整军、建路开矿、设厂办局、交通外国、究西人经济军事之长以谋自强富国之道。以曾国藩、李鸿章、左宗棠为首的洋务派陆续开办各种军工企业。1865年江南机器制造局的建立（图2-8），为洋务派创建近代军事工业的开端，它是中国第一个大型军事工业，初建时规模较小，后来不断扩大，充实提高，逐渐发展成为一个生产枪炮弹药、船舰和钢材等综合性兵工厂，为后来的军事工业打下了初步的基础。这就是中国第一批近代工业，即"自强论"洋务思想形成和军事工业创办的第一阶段。

图2-8　江南机器制造局❶

　　军事工业需要完整的近代工业体系，需要雄厚的经济基础，从70年代起，为了供应军事工业所需的原料，同时看到外国资本家在中国经营民用工业所获得的巨额利润，清政府及其官僚集团开始创办民用工业，大力发展工商业。"古今国势，必先富而后强，尤必富在民生，而国本乃可益固。"❷洋务派学习西方国家"长技"的视野进一步扩展，不仅仅停留在坚船利炮的军事工业，而且还着眼于西方近代经济设施的移植，以达到强富并重的目标。洋务运动进入由"自强"转向"求富"的第二阶段。洋务派在20多年中先后创办了40多家企业，构成资本主义企业的主体。分为航运、煤炭、金属矿、电讯、铁路、纺织和冶铁7大门类，主要以基础重工业为主。创办包括轮船招商局、基隆煤矿、开平矿务局、天津电报局、上海机器织布局、湖北纺织局、湖北煤铁厂、漠河金矿、兰州机器织呢局和天津特路公司等民用企业。民族资产阶级也纷纷兴办民用轻工业如缫丝、印刷、砖茶、豆饼、火柴、造纸、制糖、轧花和面粉等商办企业。因此，洋务运动是近代中国工业化的开端，大机器工

❶ 陈晓华.工艺与设计之间[M].重庆：重庆大学出版社，2007.4.40-41.

❷ 刘国良.中国工业史（近代卷）[M].南京：江苏科学技术出版社，1992：58-63.

业以它强有力的生命力，引导着中国的社会经济从传统的封建农业生产方式转入工业化的艰难发展轨迹。

然而，中国近代工业的发生过程是复杂的、艰难的、缓慢的。

首先，中国机械化生产是移植的结果。中国在近代机器工业产生以前，工业发展还处于其最初级阶段——家庭工业和个体手工业的阶段，工场手工业的数量很少，只是稀疏地发生在沿海和交通方便的地区及少数几个手工业部门，对社会经济发展所起的作用和影响有限。在中国工业发展过程中存在着家庭工业、工场手工业和机器大工业三种形式，中国的手工工场和大机器工业也有着不可分割的联系和继承性，只不过从手工工场直接发展到采用机器的工厂较少，时间较迟，规模较小罢了。此外，在中国近代工业产生以后，国内依然存在着一定数量的手工工场形式。

而英国的大机器工业是手工工场高度发展以后出现的，是经过了简单协作、手工业工场、产业革命以后出现的机器大工业三个紧密连接的阶段。它们之间有着最密切的联系和最直接的继承性。在手工工场，有较细的分工，这就把生产过程分为一系列简单的作业，使机器的采用成为可能；分工又形成专门从事某种生产的人，培养出了大批有专业技术的工人。手工工场高度发展时，就能够极其迅速地在生产中使用机器体系，从而使手工工场发展到大机器工业阶段。

其次，中国近代工业的产生是从重工业到轻工业，从洋务派官办到官督商办、官商合办和商办。中国半殖民地半封建的社会性质决定了中国近代工业产生过程是从重工业到轻工业，从洋务派官办到官督商办、官商合办和商办的特殊过程。清朝政府中的洋务派为了维护和巩固其封建统治的政治目的而兴办近代工业，重工业中的军事工业符合其创办近代工业的需要，因此首先开办。

在英国，机器的发明和使用首先是从轻工业的棉纺织业开始的，然后才逐渐扩大到重工业部门。早在1733年，英国的织布业就发明了飞梭，使织布效率大大提高。1765年，珍妮纺纱机、水力纺纱机相继出现。1769年瓦特制成了蒸汽机，也是首先在纺织工业中运用的，并于1784年建立了英国第一座蒸汽纺纱厂。继纺织工业之后，重工业如冶铁、采煤和交通运输业才开始运用蒸汽机。到19世纪30年代，大机器生产在英国纺织工业中已取得主导地位，但在其他工业部门才陆续开始普遍采用。英国的机器使用首先从纺织工业开始，是因为纺织工业投资较少，资本周转快，容易获利；棉织物又是人们的生活必需品，市场需要量大；棉纺织业生产简单，也最容易采用先进技术。因此，英国资产阶级是为了赚取利润而兴办近代工业，目的不同，所以表现在后者是先轻工业、后重工业，前者则是先重工业、而后轻工业。

此外，受中国社会经济的特殊条件影响，中国近代工业必然先是官办、最后才是官商合办和商办。因为洋务运动前期是国家办洋务，政权掌握在封建统治者手里，自然由清政府中的洋务派承担。随着中国引进西方先进工业的效益和步伐，后期带有承包性质的官商合办和商办等模式才得以开展，并催生了民族工商业的产生，这是中国设计真正产生的基础。洋务企业和民族工业的发展为中国近代工业奠定了基础。

2.2.1.3　军工与民用的技术引进

（1）军工企业及其技术引进

洋务运动开启了中国向西方学习近代工业之路，洋务派创办的军事工业引进了西方先进的机器和工艺，特别注意引进"制器之器"，使生产技术方面发生了空前的变革。洋务派认为"自强以练兵为要，练兵又以制器为先"。[1]这成为第一阶段洋务运动的主要内容，即建立军事工业。李鸿章认为"中国欲自强，则莫如学习外国的利器，欲学习外国利器，则莫如觅制器之器"。[2]于是，以容闳、李善兰、徐寿和华蘅芳等人为代表向曾国藩建议创设"制造机器之机器"的母厂，1863年容闳被派遣前往美国采购机器，后来这些机器运至上海，并入江南制造总局。由于受到清政府的重视，1864年后的30年间洋务派共建立近代军用企业21个之多。其中大型5个，中型5个：广州机器局、山东机器局、四川机器局、吉林机器局和北京神机营机器局；其余11个局厂规模较小（表2-4）。这些军事工业厂局，无一不生产枪炮弹药，部分生产船舰，各有其侧重点。

表2-4　1865—1890年间洋务派创建的局厂[3]

年代	局厂名称	创建人	所在地
1865	江南制造总局	曾国藩　李鸿章	上海
1865	金陵机器局	李鸿章	南京
1866	福州船政局	左宗棠	福州
1867	天津机器局	崇厚　李鸿章	天津
1869	西安机器局	左宗棠	西安
1869	福州机器局	英桂	福州
1872	兰州机器局	左宗棠	兰州

[1] 董光璧. 中国近现代科学技术史 [M]. 长沙:湖南教育出版社,1997:209.
[2] 董光璧. 中国近现代科学技术史 [M]. 长沙:湖南教育出版社,1997:209.
[3] 董光璧. 中国近现代科学技术史 [M]. 长沙:湖南教育出版社,1997:210.

续表

年代	局厂名称	创建人	所在地
1874	广州机器局	瑞麟	广州
1875	广州火药局	刘坤一	广州
1875	山东机器局	丁宝桢	济南
1875	湖南机器局	王文韶	长沙
1877	四川机器局	丁宝桢	成都
1881	吉林机器局	吴大澂	吉林
1881	金陵制造洋火药局	刘坤一	南京
1883	神机营机器局	奕䜣	北京
1883	浙江机器局	刘秉璋	杭州
1884	云南机器局	张之洞	昆明
1884	山西机器局	张之洞	太原
1885	广东机器局	张之洞	广州
1885	台湾机器局	刘铭传	台北
1890	湖北枪炮局	张之洞	汉阳

此时期，洋务派所进行的军工生产主要是引进欧美的枪炮制造技术、动力系统和造船业技术。沪局枪厂于1867年设立，起初只能生产15世纪末出现的前膛枪和骑枪，1871年开始制造美式林民敦（Rinminton）击针后膛枪，1883年，又引进制造黎意（Lee）式步枪技术。随后津局和兰州机器局也分别开始生产林民敦后膛枪、普鲁士螺丝枪和后膛七响枪。1885年诞生的德国毛瑟枪采用金属弹壳和直动式枪机，使枪在射击时可以自动待机和闭锁弹膛，从而使结构更完善合理，性能得到进一步提高。于是在1886年，张之洞创办湖北枪炮厂并从德国柏林力拂机器厂进口机器专门生产毛瑟枪。到1907年，沪局成功仿制了1898年式毛瑟枪，从而缩短了与西方所用步枪的技术差距。

枪炮本一家，它们都属管形火器，都以火药作为动力，制造原理和基本零部件也基本相似，只是外形、威力大小和射程远近之分。其实中国早在明末清初就对西方火炮生产技术有所引进，著名传教士汤若望就曾为明朝和清朝主持"红衣大炮"的制造，并针对火器生产制造撰写《则克录》一书。鸦片战争时期中国的火炮制作技术有了新的发展。丁拱辰、龚振林、丁守存等人积极参与到火炮的技术改良工作之中，有《演炮图说》《西洋自来火铳制法》等专著，但只是在铸造工艺上有所改进，却没有理论化和规范化。直到1874年，宁局聘请英国工程师才开始真正意义上仿制新式前膛炮。在引进西方技术时，是遵循着前膛炮、后膛快炮、重型炮的发展轨迹。如沪局先后在1878年后制造出9、40、120、150、180磅阿姆斯特朗前膛快炮，1890年仿制成功阿姆斯特朗式全钢后膛快炮，以及1891年制造出各种新式重型后膛快炮。江南制造局仿制技术的成功，表明晚清铸炮技术的一次重大突破。同时，枪弹和炮弹的仿制技术不仅限于枪炮制造厂所造的枪炮规格，一些直接进口外国枪炮的弹药也由该厂供应。

与枪炮制造技术同等重要的是造船业技术，洋务派十分重视制造轮船。初造的几艘轮船均聘用外国人担任主要职务，后来逐渐改为华人，这反映了我国造船技术和队伍的成长，并建立自己的工业体系的企图。1869年，江南造船厂造成"操江"号等螺旋蒸汽舰。舰上所有船体、汽炉、螺轮及全套机器，大部分是该厂自己设计制造的。蒸汽动力是江南制造总局采用的主要动力系统，在最初引进时期，凭借外来技工的经验，竟也能使蒸汽机运转不误。对蒸汽机的制造，必须熟稔机器的构造和工作原理，早期徐寿等人的探索已经奠定了一些基础，随着《汽机发轫》《汽机新制》等译著的相继出版，对于汽机才有一个完整系统的认知，是制造局制造动力系统的基础。此后造出的"海安"号和"驭远"号各项设备大多也由本厂自造。福州船政局是中国近代第一家专造轮船的厂局，该局自1866—1876年的11年间，共建造了19艘木质兵轮，培养了一批造船专家和工程技术人员。建厂初期，船舰的设计制造主要由法国技师担任，到1875年，绝大多数的法国雇员已经辞退，设计制造由中国技术人员承担。后来逐渐缩短了与西方先进国家造船工业技术的差距。

（2）民用企业及其技术引进

19世纪70年代洋务派倡导开设一批民用企业。冶铁业、机械制造业、电力和电讯、交通运输业、消费轻工业逐渐兴建起来，在洋务运动期间全国建立的近代民用企业达167家。随着近代民用工业的兴建，尤其是钢铁工业、机器制造业、铁路建筑、电力电讯的兴办和新产品的试制、生产，有关的近代工业技术被引进和发展。下面主要介绍几个重工业和轻工业及相应技术引进情况。

现代机械工业的基础核心是机械制造，机械制造广泛应用在生产工具、枪炮军械等生产制造领域，包括金属铸型加工、塑性加工及切削加工和装配加工等领域。江南制造总局是引进西方近代机械制造技术最早和规模最大的厂局，其购买了美商旗记铁工厂，后来又从美国订购工作母机如锅炉、蒸汽机等原动机械，还有汽键等设备。据不完全统计，1867—1904年，江南机器制造局就制造了各种车床、刨床、锯床等工作母机共249台，起重机84台、抽水机77台、气炉机器32台、气炉15座。❶电力方面，洋务运动期间，中国已经掌握了蒸汽拖动、柴油发电机、汽轮发电机组的发电技术。电学理论和电工知识最早被翻译传播是在1860年以后，这为中国电力事业的兴办准备了科学理论条件。1882年英商在上海创办上海电光公司，正式把电力工业技术传入中国。随后1893年，上海公共租界工部局成立电气处，并在第二年兴建发电厂。广州兴办电力仅次于上海，华侨商人黄秉常于旧金山回广州开办了中国民间最早的广州电灯公司。❷它拥有两台一百马力的发电机和两台一千伏交流发电机。而在电讯方面，清政府于1876年引进有线电报技术，并在福州开办电报学堂，聘请外国工程师教授电气原理、电线知识，以及收发报机的使用方法等。1879年，聘请德国人架设天津至大沽北塘海炮台的邮电电报线路，成为中国最早架设的有线电报线路。同年，还成立了官商合办的电报局。天津于1880年开设电报学堂，并在随后一年设立电报总局。电报技术的成功促进了中国通讯业的近代化。有关铁路建筑的技术引进可追溯到1865年英商杜兰德在北京修筑的仅一公里左右的铁路，之后直到1878年我国才建造了全程20公里上海至吴淞口的轻便铁路。1888年，北洋铁路唐山至天津全线通车，在此期间，李鸿章组织成立了天津铁路公司，后来被称为中国铁路公司。到1895年，中国依靠自己的工程技术力量，在詹天佑的主持下自行勘探、设计和施工建造了第一条铁路京张铁路和第一座铁路桥滦河大桥，全长约360余公里。这些工业大动脉为之后中国工业经济的发展奠定了基础。

2.2.1.4　传统文化变动与西学东渐兴起

（1）封闭型地域特点

社会环境与类型是复杂多样的，在这里我们将其笼统地归纳为"封闭型"与"开放型"两大类型。拥有悠久历史的中国属于典型的封闭型地域。这种封闭性既是自然环境的封闭，也是由此产生的经济形态和文化观念的封闭，从而影响着设计的发展进程。

尽管我们并不赞同环境决定论，但不可否认不同的自然环境和人文地理是造成人类群体个别的民族性格和文化精神的重要因素。作为设计文化的要素之一，自然生态环境对一个民族设计发展影响极为重大。世界上各民族所处环境各异，拥有不同的地形、气候、动物和植被，或优或劣。为了在环境中生存，不同民族必须采用不同的设计方法以适应自然和改造自然。自然为不同民族提供不同的资源，人类设

❶ 董光璧.中国近现代科学技术史[M].长沙：湖南教育出版社，1997：237.
❷ 孙毓棠.中国工业史资料（第一辑）[M].北京：中华书局，1962：1019.

计活动因而有了可能性。同时，人类为适应自然环境而创造出不同的器具，其设计活动便有了多样性。可见设计与自然生态关系密切。

作为典型的大陆型国家，中国大地幅员辽阔、腹地纵深，江河纵横，土地肥沃，物种繁多。这些先天优势为华夏民族提供了完全自足的生存条件。中国大部分属温带气候。黄河和长江位于温带的"广阔胸膛"中间，孕育了中华民族多元的物质文化和精神文明。但同时中国这块土地又是极其封闭的。一方面北面的大漠、东面的大海、西面的高原都曾是阻碍交通的天然屏障，使之在地理位置上处于封闭的状态。另一方面，大陆内部优越的自然环境、发达的农业和手工业维持着一个安定而富足的社会，使之在社会形态上形成了安土重迁的封闭状态。这种封闭状态固然促使中华文化能够沿着自己的方向独立发展，保持着独特性和延续性，但同时也给中华文化带来了自我封闭的保守意识和自诩"天朝上国"的自大心态。故而，内陆成为历代统治者经营的焦点，而处于漫长海岸线的海洋社会一直被忽略。这一点在祭祀仪式上也可以看出。古代中国即使是祭祀海神，也重山川而轻海洋，"三山之祭川也，皆先河而后海，或源也，或委也，此之谓务本也。"[1]这种亲河远海的认识，是大陆文明观念的衍生物。

以黄土高原为中心，华夏民族广泛种植谷类，形成了稳定的农业定居处，农业也成为其主要经济形式。无法逾越的内陆式天然屏障为人们发展农业提供了优良条件，不仅气候温和、雨量充足，而且土壤肥沃、河流众多。这种得天独厚的自然地理环境孕育了中国自给自足式农耕经济的形态，并使之在亚洲东部广袤的土地上延续了2000多年。《帝王世纪·击壤之歌》中如此描绘民众的农耕生活："日出而作，日入而息，凿井而饮，耕田而食。"手工业生产是以谋生为目的的，不是为了扩大资本、积累财富，时曰："匹夫之力，尽于南亩，匹妇之力，尽于麻枲"[2]。男耕女织成了中华民族传统的理想生活模式。这种农耕经济基本上采用传统的耕作方法，在创造农具、集约耕种和培育粮食作物的基础上，通过精耕细作的小规模手工业使居民达到生活的基本自足，维持着"男耕女织"的安定生活。农业被历代统治者视为立国之本，"重农固本"也被奉为治国的不易之道。早在春秋战国时期，列国就纷纷实行改革，大力发展农业生产，如管仲"相地而衰征"的策略带来了农耕经济的大发展，为齐国的强盛奠定了雄厚的经济基础。此外，农业与水利事业有着天然的联系，治水文化在农业文明中应运而生。治水需要集体的力量，水利事业发展也需要统一的管理，这就需要统一的权力，从而为中国集权专制政治体制的产生和发展提

---

[1] 礼记正义·学记 [M]. 北京：中华书局，1980：1525.

[2] 桓宽. 盐铁论·园池 [M]. 上海：上海人民出版社，1974.

供了温床。集权专制政治文化模式是中国的自然环境和小农经济模式所决定的，又反过来为中国的农业文明提供了政治保障。

由于对农业的过度依赖和"自给自足"状态的长期维持，并且因"商贾技巧之人"，好智多诈，难以禄使，故提倡"为国者，市利尽归于农"。历朝统治者也大都推行重农抑商的经济政策，"杀正商贾之利，而益农夫之事"。私营手工业的生产规模、产品种类都极其有限，规模较大的官营工业则主要服务于朝廷统治者，而与商品市场无缘。城市商品经济的主角首先是农副产品，其次是布、盐等生活必需品。另外，虽然中国经海路仍与外国有贸易往来，甚至出现了明永乐年间郑和七下西洋的壮举，但历代王朝对外贸易的目的也多出于政治方面的考量，而不是着眼于经济利益，浩浩荡荡的郑和下西洋主要是为了宣扬国威，怀柔远人。明清政府后来都实行了海禁政策，闭关自守，不仅打击了东南沿海的工商业发展，也进一步阻碍了中国走向海外的思路，成了"井底之蛙"。这无疑严重阻碍了中国近代工业的发展，使中国远远落后于西方。正如梁漱溟先生所言："近代工业之飞跃，实以重洋冒险，海外开拓为之先，历史所示甚明。然中国文化却是由西北展向东南，以大陆控制沿海，与西洋以海领导内地者恰相反。数千年常有海禁。"❶可见国家政策的闭关主义之重、思想观念的禁锢之深。这样的政策压制了大规模的私营手工业、商业和海外贸易的发展，又反过来维护家庭、手工业相结合的男耕女织模式，从而使中国经济长期举步维艰。因此，古代中国的经济运行模式属于内向型，无法打破根深蒂固的农耕经济为主导的生产方式，也始终难以产生完整而独立的城市经济和资本主义生产方式。这种经济运行模式形成的是中华民族文化中的平均主义思想，其所造就的社会氛围对财富的集中和经济的突破起到了遏制作用。

自然环境和经济模式的封闭性导致了中华民族在文化观念上的封闭。由于较少受到外来因素的影响，中华文化具有极大的稳定性。中华民族成功地应付了各种内部和外部的挑战，把中华民族的文化数千年地在一个不变的经济结构、不变的政治制度、不变的伦理信条中毫无间断地延续下来，这也是中华民族文化的独特之处。❷中华几千年的传统文化在漫长的历史进程中有所变化和发展，但其速度是较为缓慢的。如上衣下裳是中国古代的服装形制，世代流传，一直持续到清末民初。清廷虽要求汉人剃发易服，但这种上衣下裳的形制还是在清代汉人女装中得以延续。这种内涵深入到传统文化中成为一种定势，有着强大的惯性。中华文化数千年一以贯之，形成了巨大的传统文化定势，这种定势也是封闭型文化特有的机制，它对外来文化

❶ 梁漱溟.中国文化要义[M].上海:上海世纪出版集团,2005:133.
❷ 王玉芝.中西文化精神[M].昆明:云南大学出版社,2006:95.

有极强的吸附力。这种封闭直到鸦片战争后才被打破。❶

（2）传统文化变动与西学东渐兴起

鸦片战争后，政治变动、社会变迁的急剧性，造成中国几千年传统道德观、价值观濒临崩溃。西方文化逐渐渗入并打破了封建传统思想体系，其根深蒂固的"中国文化中心论"的文化观遭遇激烈的冲突，面对中国社会思想的内在变动以及外部环境巨变，中国开始举步蹒跚地向西方寻求救国真理，旧文化向新文化转变调整，实学思潮演进与西学东渐兴起。此时期知识界许多进步的思想家再度关注现实，开始融入社会变革的浪潮，反思传统并面对现实。企图寻求"救世治弊"的出路，重建社会秩序，力图为中国文化打开一个新的方向。作为谋求救亡和矫治社会弊病的办法，他们重新掀起"经世致用"的实学思潮，并提倡学习西方。

实学作为独立的思想体系和社会思潮，出现在明清至鸦片战争前300年间，共经历了三个发展阶段，其思想渊源可追溯到宋明理学，随着社会历史的前进并在新的历史条件下结束。黄绾、王廷相、朱载堉、吕坤、黄宗羲、朱舜水、陈子龙、方以智、徐光启和李塨等是这一思潮的主要代表，他们批判理学的"空谈性命"，提倡"实文、实行、实体、实用"。其主要思想内容有：反对封建专制和封建礼教，主张个性解放；反对轻信，提倡怀疑精神；主张农商皆本，经世致用；提倡科学技术，主张实用、实验、实测、实证的科学方法。章学诚认为治学不能不为"经世"服务，不应舍今而学古，疲精劳神于经传子史，逃避现实。主张"故无志于学则已，君子苟有志于学，则必求当代典章，以切于人伦日用；必求官司掌故，而通于经术精微；则学为实事，而文非空言，所谓有体必有用也。"❷这股思潮以龚自珍、林则徐和魏源等为代表达到了高峰，在其影响下社会上兴起议政风尚，漕运、盐法、河工、兵饷"四大政"受到重视；重商思想开始抬头；财政、货币、贸易、矿务等时政也多有议论。❸实学思想突破了儒家理学以修养心性为本的价值观。❹正如徐光启认为的"器虽形下，而切时用，兹事体不细已"。❺王徵译绘《远西奇器图说》时说："兹所录者，虽属技艺末务，而实有益于民生日用，国家兴作至急也"。❻同时，实学思想家们对以科学技术为代表的西方文化与中国儒家理学进行比较，认为前者讲究"实"，而后者则是"空"，认为应该以西方科技文化之"实"来补救儒家理学之"空"。指

❶ 诸葛铠. 设计艺术学十讲 [M]. 济南：山东美术出版社, 2009：276.
❷ 章学诚. 文史通义・史释 [M]. 北京：中华书局 1985：231-232.
❸ 段治文. 中国近现代科技思潮的兴起于变迁 [M]. 杭州：浙江大学出版社, 2012：11.
❹ 段治文. 中国近现代科技思潮的兴起于变迁 [M]. 杭州：浙江大学出版社, 2012：13.
❺ 徐光启. 泰西水法序，见徐光启集 [M]. 上海：上海古籍出版社, 1984.
❻ 陈卫平. 第一页与胚胎 [M]. 上海：上海人民出版社, 1992：71-72.

出在儒家传统文化浸染下的"文人学士"鄙视"工匠技艺",以"君子不命"自命,造成科技发展缓慢,缺乏制作"奇器"的人才,"木牛流马遂擅千古绝响";但"远西"之国制作"奇器"不下"千百余种",这反映了实学价值观对传统文化观念的突破。

清朝后期,面对内忧外患的境况,清政府统治集团在对外政策上有一个较大的变化,集中表现为兴办洋务。从救治国家的需要和"强兵"的目的出发,洋务运动从购买和制造枪炮船舰开始,大规模引进西方现代化工业技术和设备,发展到兴办工业,附带还有译书和办学活动。随着门户的打开,西方传教士也接踵而至,对西方科学、技术和文化进行传播。

2.2.2　肇始阶段中国工业设计的特点

第一次世界大战期间,由于欧洲各国暂时性地将注意力转移,对华投资相对减少,使中国民族工业发展有了喘息的机会并出现短暂的春天,此期间创办了各种生产企业,陆续诞生出一批民族品牌。但整体上处于不发达历史阶段,产品总体结构十分落后,高中档产品和新品种产品缺乏与外货竞争的能力,产品层次落后,市场占有率极低。即使是在20世纪30年代的较好时期,由于外货大量竞销,民族品牌行业门类不齐全,整体技术水平和管理水平仍然比较落后,工业产品所需要的原料大多依赖于进口,民族工业行业内部的原料性产品和最终产品之间呈现出严重的结构性失衡,致使几乎所有工业部门的产品仍处于低层次的产业结构中,低档产品占绝对的比重,民族工业发展曲折艰难。

2.2.2.1　进口替代导致的模仿倾向

中国的国内市场,是随着自然经济结构的瓦解与资本主义生产的发展而发展的。当时中国市场对商品的容纳量迅速扩大,外国进口的机制工业品迅速代替手工业产品,形成全国性的统一市场。但是中国自然经济的破坏,是在外国商品输入、市场扩大以后,这样,给民族资本近代工业只留下狭隘的范围。因此,政府采取了进口替代经济发展战略,以促进长时期遭受外国资本侵略的中国民族工商业发展。进口替代经济发展战略又称内向型经济发展战略,是指国家有意识地推动国内工业创建,引进先进的设备技术、进口原料和中间产品,以生产原来依靠进口的轻工和纺织产品,发展本国的制造业,从而实现经济自立。

现代设计产生的基础是工业化,中国现代设计是建立在本民族工业化的基础之上。上海机制联企业的工业生产状况直接反映了中国工业化的程度,如华生电器制造厂、亚浦耳灯泡厂、永生热水瓶厂、大中华火柴公司、中国化学工业社、中华珐琅厂、五和织造厂、光大瓷业公司、泰山砖瓦厂、振和染织厂、康元制罐厂、五洲大药房、中南工业厂、美亚织绸厂、中华第一针织厂、三友实业社、胜德制造厂、一心牙刷厂和华福制帽厂等。

当时的中国，洋货几乎霸占了整个市场，人们渐渐形成洋货品质比国货优的认识。在国内资源不断外流，国家处于极不平等的经济贸易状况下，很多民族企业认为只有尽快学习外国技术去生产与洋货相似的物品才能占回部分市场。其设计原则旨在为消费者建立一种"国货与洋货一样优质"的印象，提高大众对国货的信心。但是鉴于"机械文明"仍然完全由国外传入的关系，加上洋货充斥整个市场，使这些国货产品设计由其机械结构到设计，以至早期的商标，都极力模仿外国，导致严重的模仿倾向成为当时一种普遍的现象。

在20世纪20～30年代的画刊上，关于西方工艺美术设计动态的介绍和中国设计家的模仿性设计颇多，1934年第1期《美术生活》杂志登载的张德荣先生设计的经济木器家具（图2-9），令人联想到麦金托什的设计作品，颇具西方现代设计的风范（图2-10）。刊载于1933年《东方杂志》一幅广告，广告标题为"制造界之新贡献，最新式不锈钢具出世"，标题之下的广告语是这样的："上海南京路大华铁厂向以制造钢床、钢具驰名遐迩。近复创制各种不锈钢家具，既极新颖，又最实用，洵为现代家庭事务室及一切公共场所之必备品。本页所载，为其新出品之一斑。"广告中所云"最新式不锈钢具"，其实就是脱胎于德国包豪斯的钢管家具。现代钢管家具的发明者是包豪斯的学生、教员马塞尔·布鲁尔（Marcel Breuer）。1925年，布鲁尔受自行车结构设计的启发首创钢管家具。经几年摸索，1927年他自组"标准家具公司"

图2-9　张德荣"经济木器"系列家具❶

---

❶ 张德荣. 工艺美术与人生之关系 [J]. 美术生活. 1934(1).

（Standard Model），尝试批量生产；1929年该公司被托奈特公司所收购，钢管家具批量大生产才真正展开，也由此逐渐形成世界性的影响。如图2-11所示，当时明星胡珊所坐的钢管椅与瓦西里椅（图2-12）几乎一样［马塞尔·布劳耶（Marcel Breuer）设计］，照片取自民国期刊《美术杂志》1934年的第1期。此时期的中国厂商通过模仿其设计，复制出几乎乱真的中国式版本的仿制品。❶

　　近代日用搪瓷工业产生于19世纪的欧洲，从1878年开始，奥地利搪瓷制品就开始输入我国。1914年，日本趁欧战之际将大量的搪瓷制品倾销到中国，1915—1931年共输入搪瓷品达关银1366.19万两（根据的是《上海工业志》所记载）。在此之后1916年，英国在上海创办了中国最早的搪瓷厂——广大工厂，中国市场基本被外国企业所垄断。随着"五四运动"的倡导，国民纷纷响应抵制洋货，社会对国货的需求日益增加。1917年，华人刘达三、姚慕莲自办中国第一家搪瓷厂——中华美术珐琅厂（中华制造珐琅器皿公司）。制造口杯、方盘、饭碗和面盆等家庭日用搪瓷制品与洋货竞争。成立初期，由于技术所限主要以洋商制作技术、进口原料为基础，仿制设计造型为主，货品的类型及颜色选择也不多。1919年，上海商人徐道生邀请李怡葆、周辛伯和顾吉生等集资10万两白银与英国人麦克利合作，将广大工厂改组为

图2-10　麦金托什设计的直式座椅和座钟

图2-11　明星胡珊坐的钢管椅

❶ 柳冠中, 何人可. 工业设计史 [M]. 北京: 高等教育出版社, 2010.

图2-12 瓦西里椅

华商铸丰搪瓷股份有限公司，并引进其新产品造型和新工艺技术，出现堆花描金工艺和面盆喷花复喷的新工艺。

　　和日用品一样，我国最早的家用电器——电风扇也是从外国引进的。19世纪中期上海开埠后，欧美生产的家用电器产品源源不断地进入上海及中国其他大城市，而电风扇是其中出现时间较早的家用电器品种之一。最为畅销的是爱迪生创办的美国通用电器公司（General Electric Company）出产的"奇异牌"电风扇（GE）和威斯汀豪斯创办的美国西屋电工制造公司（Westinghouse Electric Manufacturing Company）的出品。随后华生电器制造厂严格学习洋货的机械结构，仿照"奇异牌"电风扇制作出中国第一批国产电风扇，无论是机械设计还是外形设计，以及商标都很接近。到20世纪20～30年代，不同制式的旋转送风电风扇纷纷出现，例如英国Veritys公司的"轨道运行式"旋转送风电风扇（the "Orbit" fan，图2-13），其设计特点在于风扇马达的尾部连上了一条操纵杆，操纵杆一头固定在一点，另一头连接上马达后的齿轮，马达开启时便带动着齿轮，使风扇多角度回旋转动，做出"全方位"吹风的效果，使送风范围大增。中国的华通风扇厂亦曾仿照这种方式，制出全方位送风的风扇。早期的"奇异牌"电风扇，外形带着新古典主义气息，生铁铸造的扁平底座刻上对称均等的坑纹图案，扇颈（支撑柱）稍做雕琢装饰。通过比较我们可以看出，华生牌电风扇和奇异牌电风扇两者无论在机械工艺（波箱设计）上，还是在外形款式（扇叶、网罩、外形、尺码）上均十分相似（图2-14）。并且，由于从外形到制式可以说是一模一样，华生电风扇的配件一直可与奇异牌电风扇交换使用。

　　由于很多替代性民族工业发展所需的机械和原料都需从国外输入，因此在物料

图2-13　英国Veritys公司的　　　图2-14　民国时期的华生电器
"轨道运行式"旋转送风电风扇❶　　　　制造厂出产的电风扇❷

上和款式上就必然对其有所依赖。以上的个案并非特例，同样的情况在其他民族工业产品领域也有体现。

2.2.2.2　近现代设计缺乏合理的结构

民国时期的中国近现代艺术设计经历了极不平衡的发展，商业化艺术设计呈现出一定程度的繁荣，而对于工业产品设计而言，虽然艺术教育界和工商业界都认识到其重要性，但大体上还停留在图案装饰的认识层面上，而且所谓"图案"的发展也十分滞后。由于当时国内工业技术进步缓慢，资金短缺，工业一直呈弱势发展，因为很难形成工业产品设计与工商业界相互促进、良性互动的发展局面。❸

在民族经济和社会发展中，工业生产和商业销售所起的作用是不同的，一为生产，一为贩卖，有工业而后有商业，并且两者应均衡发展。工业化是商业社会的基础，缺乏工业基础的商业化，必然导致市场的不稳定。工业化是现代设计诞生的基础，中国现代设计是建立在本民族工业化的基础之上。而近代中国工业发展却表现出商业化与工业化失衡的状况，使设计也具有同样的结构问题。

西方国家资本主义机器工业的发生，经过了简单协作、手工业工场和产业革命以后出现的机器大工业以及劳动分工3个紧密连接的阶段。就西方现代设计发展而言，在工业革命之前存在工匠、手工艺师和艺术家的区分，而劳动分工使生产结构发生变化，导致了一种新的专业领域——设计的产生。

---

❶ 郭恩慈,苏珏.中国现代设计的诞生 [M].上海:东方出版中心,2008:205.
❷ 郭恩慈,苏珏.中国现代设计的诞生 [M].上海:东方出版中心,2008:211.
❸ 陈晓华.工艺与设计之间:20世纪中国艺术设计的现代性历程 [M].重庆:重庆大学出版社,2007:141.

与之相对照，近代工业不是用于有利民生的日用品的商品生产，而是用于军需品的非商业品生产。在经营管理上，形成了一套腐朽的官僚制度。在生产技术上，完全依赖外国。这样就导致中国现代设计在缺乏本土工业化的基础条件下产生，它的兴起与资本主义的市场扩张和商品经济的兴起联系在一起。

在过度商业化和工业化不足的局面下，为了与外国企业展开竞争，民族企业大量聘请商业美术人才为其从事广告宣传的设计工作。❶中外厂商推销商品的需求促使商业美术迅速发展，出现了一大批商业艺术设计师，如广告"月份牌"画家周慕桥、郑曼陀、杭樨英、谢之光、金雪尘、孙雪泥和李慕白等，他们承接各种广告、商品包装、商标设计等商业美术业务。像上海"冠生园"食品公司的食品广告、"家庭工业社"的化妆品广告等。

这一时期，在上海、天津、广州一些工商业发达的地区，因为国货企业与外资公司争夺市场而展开的广告大战。然而，广告宣传必须与产品的技术改进和品质保证同步推行，广告宣传应根据产品自身的特点、社会购买力和消费心理，以及市场竞争的规律，展开有针对性的构思和创意。经商者运用广告，应"宣布其实际，露白其失效，以听购买者之评判，故不应有夸张饰伪之词语"❷。对于国货企业而言，广告策略终究是治标之法，应努力于生产制造才是治本的方法。

2.3　起始阶段中英工业设计肇始方式的差距问题

2.3.1　英国工业设计的"自发型"发生

通过前文对英国政治、经济、技术和文化的社会背景分析，可以得知，首先，工业化起始阶段英国社会各子系统协调发展并相互促进。从宗教改革、光荣革命、资产阶级革命、工业技术进步、海外贸易兴起等一系列变革汇成突破英国传统格局的巨大冲击力。一种新的生产力和生产方式在旧的社会母体中孕育成熟，终于导致18世纪英国工业革命的成功进行。它是社会经济发展到一定阶段的产物，也就是说，只有在具备了一定的前提条件时，工业革命才会发生，这些条件是：国家通过革命或改革，扫除资本主义发展的障碍，实现政治上的统一，形成全国统一的国内市场；手工业生产达到一定水平，劳动分工的发展为技术变革准备了条件；封建土地所有制在农业中不再占据统治地位，商品化农业发展到一定水平，农业劳动生产率提高，农业产生了向工业提供资金和劳动力的潜力；农民和手工业者被剥夺，产

❶ 周爱民. 庞薰琹艺术与艺术教育研究 [M]. 北京:清华大学出版社,2010:85–86.
❷ 陈子密. 谈中国之广告事业 [J]. 商业月报,第 17 卷第 2 号.

生了可以自由流动的劳动力市场；工业品市场扩大，对工业发展形成了足够的需求刺激；资本原始积累取得进展，形成了可资利用的社会资本，能为技术革新提供必要的资金保障。所以说，此时期英国的经济、技术、科学、政治和文化特征契合完美，对此，萨普作出了这样简洁的概括："18世纪晚期，英国经济、社会和政治的发展无疑解释了英国成为工业先锋的原因。"

其次，英国启动社会变迁的那些决定性因素是内在的，工业化的原动力即现代生产力是内部孕育成长起来的，所以说，英国是一个"原生型"或"自发型"，也称为"内源性"工业化、现代化国家。其产生与发展是平稳过渡和自觉生发。英国的大机器工业是手工工场高度发展以后出现的，是经过了简单协作、手工业工场和产业革命以后出现的机器大工业三个紧密连接的阶段，它们之间有着最密切的联系和最直接的继承性。在英国，机器的发明和使用首先是从轻工业的棉纺织业开始的，然后才逐渐扩大到重工业部门。同时，"内源性"英国的制度变迁是通过非革命的手段完成的，和平渐进的改革成为其历史发展的特色，合适的政治和社会环境不断推动工业化进程的发展。亚当·斯密和大卫·李嘉图的"自由经济理论"一直是英国工业化道路的指导思想。

2.3.2 中国工业设计的"触发型"发生

1840年以来，西方殖民主义入侵，现代资本主义的世界扩张，打破了中国原有的平稳发展。2000年来旧王朝解体，新王朝建立，如此"朝代循环往复"。中国经济的增长、人口的繁衍、技术的进步、文化的繁荣与传播，都在这一循环模式中缓慢地进行着，使中国历史与文明在总体上形成长期连续性的发展。但没能形成一种新的发展定势，未能从内部冲破坚硬的传统结构外壳。不同于英国原生性的工业进程的特征，中国工业化启动是外来的、被动的，它是在外来异质文明的撞击下激发或移植引进的。因此说，中国是一个"派生型"或"触发型"，也称为"外源性"工业化。列强的入侵中断了中国封建制度的继续发展，强大的外来政治、经济和军事的渗透打破了传统的社会形态，所经历的震荡是巨大的，自此中国的政治、经济、社会及文化面临巨大的变迁及激烈的改革。从民族和国家的命运来说，这是一个痛苦和沉沦的过程，西方资本主义与中华民族之间的矛盾、封建主义与人民大众之间的矛盾越来越尖锐。

由于中国近代工业是被动地引进外国先进的工业生产技术和机械，跨越式地步入在此之前没有深厚工业生产基础的近代工业体制，由此产生了一些在生产方式上类似，却又存在巨大差异性的近代工业生产特点。它的产生是在集权的清政府推动下萌生的，并结合了外国先进的生产组织形式。在中国不同的文化背景下，孕育出了颇为"畸形"而又独特的近代工业生产体制。其是以恢复清政府集权统治，抵御侵略为目的，率先发展中国军事工业，而后是为维持近代工业体制而相继投资建设的民用工业，以及专事利润而兴建的民族资本主义企业。从中国军事工业和民用工业兴起综合来看，中国最初的近代工业是直接由外国机器工业引进移植而来的，这种生产力的变革与英国截然不同。从洋务派官办到官督商办、官商合办和商办的特殊过程，这是导致中国近代工业存在先天不足的根本原因。中国近代工业作为一种"舶来品"，几乎没有在机器生产方面的自主创新能力，仅仅是跟随在外国企业之后，这样发展起来的民族工业力量十分弱小，不足以为自己提供充足的条件和保护，也不能够获得政治上的发言权。这种对外国的依赖，与中国近代以来没有实现真正的政治独立有着密切的联系。

　　通过对中英两国工业设计肇始阶段发展特点的比较，使我们有了一个更明晰的印象（表2-5）。英国早在17世纪就完成了资产阶级革命，18世纪开始工业化的初步启动，经历了漫长的积累性渐变之后，自发出现现代生产力的飞跃和社会关系决定性的转变，成功地进行了工业革命。其工业化的原动力是内部孕育成长起来的，其产生与发展是平稳过渡和自觉生发，所以说，英国是一个"原生型"或"自发型"，也称为"内源性"工业化、现代化国家。而中国的工业化启动却发生在19世纪，从时间上与英国并不站在同一起跑线上。同时，中国近代工业是外来的、被动的，它是在外来异质文明的撞击下激发或移植引进的。因此说，中国是一个"派生型"或"触发型"，也称为"外源性"工业化、现代化国家。通过上述比较可知，由于中英两国工业化启动的历史条件和决定性因素不同，导致工业化发展模式各异，从而决定了以工业化为基础的工业设计在起始阶段就存在自觉性差异。

表2-5　中英两国工业化启动的不同历史背景与方式

类别	英国——内源性	中国——外源性
外部环境	面对相对稳定的分散的农业世界，国际发展差距和技术差距都不大	面对激烈竞争不断扩大的资本主义世界，国际发展差距和技术差距均越来越大
文化背景	同质文化的自我革新与扩散	外来异质文化对本土传统文化的挑战与渗透
内部条件	内部资本主义因素的增长，引发长期的渐进性的社会内部变革	内部资本主义因素微弱，外来挑战造成民族危机和社会危机，自我转型困难

续表

类别	英国——内源性	中国——外源性
外部条件	开辟海外市场，拥有通过殖民扩张进行资源掠夺、资本积累、移民等先占优势	被西方殖民主义边缘化或半边缘化，但可利用外资、外债和外国先进技术，发挥迟发展优势
模式与战略	自主型市场经济，从轻工业到重工业的工业化道路	非自主型的中央统制经济或混合经济，强制性的赶超型工业化战略

2.4　本章小结：自觉性差异对中国工业设计发展的启示

　　通过比较分析，我们可以看到，中英工业设计初始阶段存在着自发和触发的巨大差异。正是这种自觉性的缺失，使中国工业设计长期以来得不到重视，进而在后来的工业化进程中一直处于比较落后的地位，这种情况直到今天也没有得到根本性改变。显然，自发型的优势使英国工业设计始终保持着较高的自主性和能动性，使它在工业化高速发展的同时，对工业文明所带来的种种问题和弊端产生自觉的反思。正因为此，工艺美术运动才会在这里产生。英国的这种"自觉性"是我们需要学习和借鉴的地方。然而，触发型是否就毫无优势可言？我们应该辩证地看待这个问题。触发型在某种意义上，恰恰存在着一定的后发优势，在先导性国家发展经验的基础上，规避弊端和总结教训，使后发国家在发展中少走弯路。日本就是一个成功的例子，作为工业设计的后起之秀，它是触发的，但却在后来的发展中改革创新，迅速成长为工业设计强国。但遗憾的是在初始阶段，我们错失了有可能把劣势转变为优势的机遇，使得这种后发优势在中国半殖民地半封建社会的特殊政治经济背景下没有变成现实。

第**3**章

机械化进程阶段中英对待工业文化的态度差异

在机械化进程阶段，英国随着工业革命的持续推进，工业化背后大量的社会问题逐渐暴露无遗。英国对19世纪机械化、工业化飞速发展作出了回应，出现了社会精英阶层自觉的"人文意识"觉醒，并通过制定合乎社会和审美需求的"设计原则"灌输给大众美的品味和价值追求，对工业设计进行人文主义"修正"。正因为此，工业文明和传统手工艺的冲突与共生成为英国现代设计贯穿始终的主旋律，并造就了英国设计独特的发展方式，使其始终具有人文主义的色彩。而中国由于西方赤裸裸的炮舰政策与强权政治，使其在面对西方工业文化之初产生了强烈的民族主义和民族意识，出现一种潜意识的防卫性抵抗。随着机器工业的不断输入以及权力阶层政治经济利益的促动，这种防御性民族意识逐渐淡化进而转为麻木，这种逆来顺受的麻木态度，加剧了工业化发展的"被动性"和"依附性"，从根本上阻碍了工业设计的进程。以下本章就中英两国在机械化进程中对待工业文化的态度差异进行具体的比较分析。

3.1 英国机械化进程中本土文化对工业文化的态度

英国工业革命使其工业、制造业得以飞速发展，技术、生活以及意识形态发生巨大变革，社会各集团竞相改革。此时期，工业化进程持续推进，技术纵深发展。直到19世纪末，英国工业经济发展才逐渐放缓，并先后被美国和德国赶超，两次世界大战加快了这一趋势，其经济长期发展缓慢，其国际经济地位的下降伴随着工业设计在此阶段的迟缓发展。并且民众逐渐从初期对工业化的崇拜、痴迷、沉醉的状态中清醒过来，开始对工业文化进行自觉、理性的"人文意识"觉醒和反思。这种态度一方面对英国工业设计进行人文主义"修正"，提升了审美品位和价值标准。而另一方面，却也延缓了其工业设计进程发展的步伐，使工业设计在英国的前进始终伴随着对于传统与现代的矛盾抉择。但庆幸的是，英国设计能够通过这种矛盾冲突而最终达成共融，在共融的同时有所突破并完成革新。

3.1.1　英国工业设计进一步展开的社会背景

3.1.1.1　社会各集团竞相改革

19世纪的英国是一个社会各集团竞相改革的时代。1832年的议会改革确定了议会至上和责任内阁制，并为工业资产阶级打开了大门，中等阶级获得选举权。在自由主义价值观的指导下，无论是保守党还是自由党都在为争取执政而积极地进行社会改革，开始对工业化所带来的社会问题有所重视，并缓慢地推进英国政治民主化进程。

然而，对于工人阶级而言，议会改革并没有使他们取得任何政治权利，而中等阶级却从中获取到了利益。因此，工人阶级要求议会继续改革，从而争取自己的政治权利。他们成立了"伦敦工人协会"，并于1838年起草了一份法律文件《人民宪章》，提出6条纲领要求对议会进行新的改革。宪章运动由此拉开序幕，并在此后的20年间反复涤荡英国，却始终没有达到目标。与此前议会改革不同，宪章运动不是社会各阶层联合的改革运动，仅仅包括部分工人阶级，无法形成强大的社会压力，从而无法迫使统治阶级作出改革的让步。但19世纪是个变革频繁的世纪，社会各个方面都在发生变化，社会各界普遍认可变革，自觉变革成为一种风尚。

1865年，自由党取代辉格党，此时的首相是罗素，而自由党领袖是皮尔派威廉·格拉斯顿。他们同时推崇自由主义的政治政策，并积极地将此学说充分地运用，自由主义思想体现在政治、经济、以及社会事务的方方面面。此时的国内政治形势促使新的改革不断涌现，产生了许多政治性的群众团体，如以工人阶级为代表的"全国改革联盟"和以中产阶级为代表的"全国改革同盟"等。随着议会制度的不断变革，其他方面如1853年的文官改革、军队改革，1873年的司法权法体系改革，以及80年代开始的地方政府改革等也在进行。与此同时，国家政府意识到工业革命膨胀式发展所带来的一系列问题，并逐步开始进行有计划的改革。例如，保守党打起社会改良的大旗，先后通过《公共卫生法》《工人住宅法》《工厂与工作场所法》《十小时工作制法》。因为自由党奉行自由贸易，主张"自由放任"，不愿用立法的手段干预经济运行，对社会政策较少关注，因此把重心放在政治、行政、司法和教育的改革方面。19世纪下半叶两党轮流执政，竞相改革，可以说维多利亚时代确实是一个变革的时代。

3.1.1.2　工业革命持续推进与技术纵深发展

英国的工业革命是两个接连发生的阶段，前一阶段称之为水力机械化，而后一阶段称之为蒸汽动力机械化，但两者都以铁和煤作为核心投入。18世纪英国经济的增长和结构变化,是由一个创新集群的推动,这些创新主要建立在以铁为核心投入、水轮机提供动力、运输基础设施为重型材料提供廉价运输、占主导地位的棉纺织业的快速增长,以及伴随一系列机械创新的新工厂组织模式等的基础上。据数据统计,第一阶段英国出口总额从1794—1796年的2170万英镑增长到1814—1816年的4440万英镑。❶同期,关键经济部门棉纺织业占工业增加值的份额从1770年的2.6%增长到1801年的17%。

　　而英国经济在工业革命第二阶段呈现出新的特征,迅猛增长的集群是新基础设施铁路、新动力来源蒸汽机、新机床及其他机械。它们把工业革命传播到新的地区和产业,同时提高了一些原有工业化产业的生产率。"铁"仍然是核心投入,并被大量用于铁路建设和新的机械设备制造。19世纪20~30年代,在第二阶段的上升期,一些标志性的新产业和新技术先后蜂拥而至。一个最重要的例子是铁路,其在19世纪30年代至90年代这60年间得到了飞速的发展,同时带动了火车、蒸汽机,及其相关产业的必然进步。此阶段,尤为突出的是蒸汽动力机械化的推动和使用。随着18世纪以来,纽卡门蒸汽机用于采煤挖掘、瓦特蒸汽机用于纺织业和冶铁业,在英国出现了蒸汽机设计、动力输出、安全和燃料消耗等多方面的技术创新。经过改进的新型高压蒸汽机的出现,使得铁路、许多工业、甚至农业也可以应用蒸汽动力。因此,这一时期的技术革新主要集中在制造蒸汽机、机器、设备的产业上,制造机器的机器成了其他产业机械化的基础。对于工业革命前后两个阶段的产业特征,历史学家萨普这样指出:"在英国工业革命最初几十年,棉纺织业扩张异常显著。接着在1840年以后,铁路投资和运输网络的扩张似乎主宰了经济。到了19世纪第三个25年,炼钢和蒸汽船制造业走到了前面。"❷

　　工业革命发展至19世纪70年代,纺织业、冶金业、采煤业、机械制造业以及铁路运输业等采用了较为成熟的技术,使英国工业品出口保持持续增长。由于机器不断被改进,工人人数不断增加,工厂和公司的规模也不断扩大,在产业结构变化和技术变迁双重影响下,劳动进一步专业化,出现了新的工艺和车间作业管理体系。

　　伴随着工业革命第二阶段的发展,19世纪下半叶英国经历了第二次技术革命。第二次技术革命是第一次技术革命更深入的拓展,对科学的依存度较高,但非质的飞跃。其主要内容是:规模化炼钢技术、内燃机、汽车、合成化工、电力等的发明和推广使用。一些新的产业,如电子工程、煤气、自行车、汽车、铝、橡胶、有色

❶ 克里斯·弗里曼,弗朗西斯科·卢桑. 光阴似箭—从工业革命到信息革命 [M]. 沈宏亮,译. 北京:北京大学出版社,2007:185.

❷ Supple, B. The Experience of Economic Growth: Case Studies in Economics History[M]. New York: Random House, 1963: 37.

金属、钢筋混凝土和化工业等相继建立起来，社会生产力发展到一个新的阶段，生产量出现了新的飞跃，并使生产组织形式和经济结构发生了重大变化。❶首先，具有代表性的是规模化炼钢技术的发明。19世纪中叶以前虽然炼钢工业也曾发生过技术革新，但随着工业化的发展，旧法炼钢由于产量低已无法满足需要，新的炼钢技术应运而生。英国发明家亨利·贝塞麦（Henry Bessemer）于1856年发明了转炉炼钢法，它极大地缩短了炼钢的时间，使批量化生产成为可能。1868年，威廉·西门子（William Siemens）发明了平炉炼钢法，这项技术不仅产量大，质量高，并且性能稳定，可以冶炼的钢品种多。新的炼钢技术使英国生产的钢锭和铸钢产量由1871年的32.9万吨增长至1914年的783.5万吨。❷其次，19世纪下半叶内燃机和汽车工业的诞生。内燃机是在蒸汽机的基础上发明的更机动、更高效的动力机。布朗首先于1832年发明了煤气内燃机，之后又分别于1860年和1865年制造出利诺尔式和休冈式煤气内燃机，并在加工工业率先开始使用。1885年和1890年，英国工程师普雷斯特曼和斯图尔特分别研制出煤油内燃机和煤气内燃机。此技术的发明引起了新一轮交通工具的革命。因为轻便和操作灵活，特别适用于车辆的动力，于是发明了汽车。1895年，弗雷德里克·郎切斯特制造出了英国第一辆汽车。同年，赫伯特·奥斯汀设计了英国著名的奥斯汀牌汽车。到19世纪90年代，英国逐渐建立起自己的汽车工业。电力工业的产生也是第二次技术革命最杰出的成就之一，其影响触及社会生活的各个方面。19世纪80年代，各种工业电器和家用电器发明出来，电力和电气工业成为国民经济的一个重要产业。同时，其在交通和通讯中的使用促使社会发生巨大的变化。

3.1.1.3   理性思想与科学主义

维多利亚时代是一个特殊的时代，人们的生活方式和观念思想在这一时期得到重新铸造，无论是政治、经济、文化都出现了新的转变，改革持续不断，对后来的英国影响深远。此时期，繁荣的资本主义工业、轰轰烈烈的宪章运动、具有浪漫主义色彩的文化、提倡人性的艺术与手工艺运动组成了19世纪多姿多彩的英国。

工业革命的持续推进和机械化大生产的繁荣，带来了英国社会财富的剧增，虽然从70年代开始有被美国和德国赶上的势头，国家制成品的出口呈现一个相对下滑的趋势。但从绝对数字上看，英国经济仍在增长，这种增长一直持续到维多利亚时代结束。工业化的不断推进改变了英国的产业发展结构，工业取代土地，其优势逐渐显现。社会力量随之发生变化，土地贵族的政治经济地位有所削减，并孕育出实

---

❶ 王章辉. 英国经济史 [M]. 北京:北京社会科学出版社,2013:276.

❷ B. R. Mitchell. Abstract of British History Statistics, P136–137.

业家新阶层。经过长期的较量，中等阶级的多数获得了选举权，进一步加强了工业资产者的地位。由于土地贵族的利益越来越多地来自工业或资本，旧的阶级对抗逐渐淡漠，开始了相互适应和接受的过程，一个由实业界人士、迅速扩大的自由职业和官僚阶层以及早先的乡绅和贵族聚集而成的上流阶层重新形成。

虽然，贵族的权利有所削弱，但直至20世纪初他们仍然处于主导地位，其精神和价值体系始终贯穿着英国的历史发展。在英国社会、政治、经济、文化和教育等方面烙上了深深的印记。贵族的许多旧有价值观念、绅士理想被实业家阶层所接受，使他们对工作、发明、物质生产和赚钱的热情逐渐让位于幽雅的生活方式和更具贵族气质的兴趣。"向上流社会看齐"始终影响着社会各阶层，其言行和生活方式成为社会追随的一种独特的行为准则和价值标准。英国中上阶层的文化趋向渗透了整个社会，成为全民族的价值观和普遍思想。同时，19世纪中期，一批思想家如约翰·穆勒、马修·阿诺德、查尔斯·狄更斯、约翰·罗斯金等人对社会的许多批评，在某种程度上加强了这种潮流。"一种独特的英国世界观在维多利亚中期社会思潮翻腾的熔炉中形成。"❶ 如斯诺（C.P.Snow）的小说中所描述的："英国传统十有八九都是起源于19世纪下半叶。"❷ 这一时期，维多利亚时代上流社会的重组、实业家绅士化、乡绅价值观的形成以及对工业价值观的改造和反工业主义倾向，对现代英国政治、经济和社会改革和调整产生的深远影响，使20世纪的社会价值观也带有维多利亚时代论争的烙印。❸

（1）理性思想与科学主义

作为西方文明源头的古希腊文明是以理性为主导的文化类型，理性的光辉穿越时间和空间，成为西方文明的传统，传承开来。这种理性思想有两个不同层面，一是作为文明的整体倾向是对理想的崇尚，尽管也有宗教信仰，但宗教无法取代理性的地位；一是对理想观念的思想建构。古希腊哲人亚里士多德建立了形式逻辑体系，为西方理性思想的发展打下了逻辑基础，而逻辑思维的建立推动了西方社会进步。推崇理性，提倡文明与进步是西方社会的风尚。在理性精神的指导下，自古代希腊就开始重视科学技术与民主制度。在基督教成为西方世界的主要宗教之后，理性精神一度势弱，不得不在屈从的地位上与信仰共存，造成了西方在中世纪时期的落后。

❶ [美] 马丁·威纳. 英国文化与工业精神的衰落:1850—1980[M]. 王章辉,吴必康,译. 北京:北京大学出版社,2013:16.
❷ [美] 马丁·威纳. 英国文化与工业精神的衰落:1850—1980[M]. 王章辉,吴必康,译. 北京:北京大学出版社,2013:16.
❸ [美] 马丁·威纳. 英国文化与工业精神的衰落:1850—1980[M]. 王章辉,吴必康,译. 北京:北京大学出版社,2013:16.

随后在经历了宗教改革与启蒙主义等思想文化运动的洗礼后，理性精神才得以弘扬。同样，基督教自身也理性化，并产生了新教等不同教派。在政教分离原则在欧洲得到广泛承认之后，理性与信仰相结合，从而促进了社会经济的发展。现代理性主义产生于中世纪思想体系崩溃之际，守旧专制的社会思想受到猛烈冲击和批判，出现比较进步和持续发展的观念，尤其是自由主义尤为盛行。❶理性主义被视为新兴阶级的哲学，维护创新活动，主张批判现存的不合理的状况，呼吁变革。这种新的思想成为不可阻挡的历史潮流，改变着西方人的思维构架。

由于各国地理位置和文化传统的差异，理性主义在各国有着不同的发展历程。孕育了工业革命的英国式理性思想既具有西方理性观念的传统，也有其自己的特色。英国人的现代思维方式是在传统与变革的冲突中形成的——那是种对经验极为尊崇的理性思维方式。❷这种理性思想建立在对事实进行实事求是的科学观察和分析的基础上，因而既不是宗教式的迷信和盲从，也不是德国人那种过于抽象的形而上的理性基础。资产阶级通过与君主制度和贵族的妥协而获得了掌握权力的入场券，因此他们所倡导的理性主义具有一定的实际性、克制性以及保守主义的论调。❸这种英国式理性思想具备揭露围绕人们的各种环境和关系，并发展为经验论和感觉论，而不是把人与自然对立起来，也不是把精神与物质对立起来。经历了漫长的发展过程，理性主义战胜英国千百年来的宗教势力和传统习惯势力，成为英国民族思想一个重要的组成部分。英国人将这种理性思想视为独一无二的精神财富，无比珍视。

与理想思维相对应的是科学主义，科学精神在西方文化中占据重要地位，诚如康有为之言"中国人重仁，西方人重智"。"科学技术是人类文明的重要组成部分，是支撑文明大厦的主要基干，是推动文明发展的重要动力，古今中外莫不如此。"❹从而可以看到科学之于人类文明的重要性。所谓科学精神，是指对于自然现象的本质及其规律的观察、实验和运用，这是西方文明对世界的重要贡献。西方较早地提出了以理性为指导的系统科学观念，科学精神将它变为人类社会生活的重要推动力，从而促进人类社会的进步和发展。在非理性的思维结构被根除之时，"科学"便被请上历史舞台，逐渐取代了"咒语"的地位。商业贸易所带来的财富积累要求社会提供新的科学技术，当要求无法得到满足时，变革和革命就渐渐开始了。天文学、数学和力学等领域相继出现了变革，激励着科学家们乃至贵族们用科学和理性的眼光，一同探索自然的奥秘，追求技术的突破。各种天文观测仪器率先引起了否定占星术

❶ 钱乘旦,陈晓律. 在传统与变革之间——英国文化模式溯源 [M]. 南京:江苏人民出版社,2010:262.
❷ 钱乘旦,陈晓律. 在传统与变革之间——英国文化模式溯源 [M]. 南京:江苏人民出版社,2010:224.
❸ 钱乘旦,陈晓律. 在传统与变革之间——英国文化模式溯源 [M]. 南京:江苏人民出版社,2010:263.
❹ 卢嘉锡. 中国科学技术史 [M]. 北京:科学出版社,2002.

的革命。伽利略用天文望远镜发现了新宇宙，沉重地打击了经院哲学和教会，占星学开始与宗教分离，科学的方法与实验的方法渐成主流。弗兰西斯·培根更是在信仰与理性的地位之争中强调："知识就是力量"，并把归纳、分析、比较和实验看作是理性思维的主要方法，吹起了理性思想和科学主义的号角。一个新的时代由此开始。新阶级们十分重视培根的理论与自然科学，他们积极捐资建学院，资助学会，格雷山姆学院就是一个典型的例子。然而，格雷山姆认为："天文学的讲授者应当在他的庄严讲稿里，先讲述天体的原理，行星的学说以及望远镜、观测仪和其他通常仪器的使用，来增进海员的能力……教授应当每年用一学期左右的时间通过讲授地理和航海术，把天文学加以应用。"可见当时科学已经摆脱了教会的束缚。1645年，团结一致的科学家们在英国组织了一个"无形学院"，即此后的皇家学会。它作为自由的科学研究机构，受到皇室的支持和重视。

在这种背景下，伊萨克·牛顿因其科学巨匠的身份享誉全世界，成为近代科学的象征。牛顿重视科学实验，把培根的新哲学方法和笛卡尔的逻辑几何学应用到了自然科学之中，取得了巨大的成就——"牛顿由于发现了万有引力定律而创立了科学的天文学，由于进行了光的分解，而创立了科学的光学，由于建立了二项式定理和无限理论而创立了科学的数学，由于认识了力的本性而创立了科学的力学。"理性主义在他的推动力下逐渐走向顶端，也使人们的思维方式彻底挣脱中世纪的束缚。与牛顿同时代的自然科学大师波义耳也继承了实验的传统，在大量实验的基础上提出了化学元素的概念。由于波义耳等人的努力，化学也终于和炼金术分道扬镳，走上了科学的轨道。随着大批科学家的出现，英国自然科学获得了极大发展，加强和巩固了理性主义的地位。经历了重重考验后，到19世纪末，英国人已经习惯于用理性和科学的眼光看待世界。依靠理性思想和科学主义，人类在短短的几个世纪里取得了巨大的进步。

（2）传统保守主义的思想架构

英国的"光荣革命"集传统与变革于一身，从而催生了两个看似矛盾的却十分合理的理论，从而使英国在守成与激进的合流中推进。英国具有自由主义的思想传统提倡价值多元论和文化多元论，拒绝任何绝对主义的限制，英国的知识精英也在保持自身自由的同时对任何一种"绝对"正确的东西都持一定的怀疑态度。❶此外，英国社会由于贵族制强大而持久的影响，一直存在着明显的等级区分，其政治也是贵族政治，文化很大一部分也是贵族的文化。贵族文化具备很强的优越性和社

❶ 于文杰. 英国文明与世界历史 [M]. 北京：生活·读书·新知三联书店,2013:109.

会责任意识，同时代表着某种正直的人生态度。❶，因而英国人始终保持着对上层社会的向往和对绅士风度的尊重。自由主义的思想传统，加上政治上贵族与权威的存在，为英国式保守主义的存在提供了滋养的沃土。在英国历史的发展进程和走向工业化的道路中，保守主义的思想框架始终是最基本的社会力量，发挥着至关重要的作用。

英国所特有的保守主义是对进步速度以及变革程度的适度把握，其具有克制性、稳妥性。它并不顽固守旧，而是适时适度的改革，因时而变，灵活有度。❷早在20世纪初，保守党政治家休·塞西尔就给予这种特殊的保守主义以解释。他认为保守主义是人类的一种天性，具有守旧求稳的倾向，但英国的保守主义并不是"天然守旧思想"；希望进步与害怕前进中的危险是相互补充的，进步依靠守旧思想来使它成为明智有效且符合实际的行动，为避免保守主义成为阻碍社会进步的势力，"人们在整个进步过程中的一个首要的、虽然确实不是唯一的问题，就是如何以正确的比例来调和这两种倾向，既不至于过分大胆或轻率，也不至于过分慎重或延迟"。❸塞西尔的解释道出了英国所特有的保守主义的本质，保守是其表象，而适度适时的变革才是英国历史进步的根本。并且这种变革似乎更为理性和有效，使得英国的发展和进步更加稳固。到法国大革命之时，爱德蒙·柏克将英国的保守主义上升为完整的理论体系。这个理论体系以习俗为主线，全面阐释了英国保守主义的守成特色。柏克认为英国人最大的长处就是固守祖宗的传统，以传承构成社会的和谐链条，但强调传统并非否定变异，"英国人永不仿效他们所未曾尝试过的新花样，也不回归经试验已发现有问题的旧式样"。❹英国人既不盲目向前，也不回头倒退，同时对付两种危险。柏克认为传统和变革都代表着传统，按照事物的发展规律，变革是在传统的基础上进而发展延续，是对传统的演变和再生。没有纯粹的变革，只有不同阶段传统的再继承。❺因此，英国特有的保守主义具备对历史与传统的极端尊重，对权威和秩序的尊重，重视宗教与道德在人类社会中的作用，主张社会具有合理的等级等特点。❻这种英国式传统主义并非反动或倒退，传统作为变革的依据出现。柏克的名言——"我决不排除另一种可以采用的办法，但是，即使我改变主张，我也应该有所保留"——被视为保守主义座右铭，"有所保留地变革"原则也被视为保守主义的

❶ 王娟，易小刚，傅义朝，吴祥.英国人在想什么 [M].南宁:广西人民出版社,1998:205.

❷ 钱乘旦，陈晓律.在传统与变革之间——英国文化模式溯源 [M].南京:江苏人民出版社,2010:144.

❸ 休·塞西尔.保守主义 [M].北京:商务印书馆,1986:9.

❹ 爱德蒙·柏克.法国革命感想录 [M].伦敦:英国企鹅出版社,1987:119.

❺ 钱乘旦，陈晓律.在传统与变革之间——英国文化模式溯源 [M].南京:江苏人民出版社,2010:154.

❻ 于文杰.英国文明与世界历史 [M].北京:生活·读书·新知三联书店,2013:110-113.

处世哲学。小威廉·皮特则率先将"有所保留地变革"原则自觉地运用到保守主义政治中,坚决维护议会政治的传统,守住了"光荣革命"的成果。英国的历史实践证明,保守主义在执行过程中依据现实需要,对自身进行补充和调节,从而接受更多的价值取向,在变革中取得更大进步。

总体来说,英国人是十分重视传统的,喜欢从传统中找依据,并根据时代的需要进行改进。就伦敦的建筑而言,保存了很多哥特式、维多利亚式的古朴建筑,并有专门的法规规定:现存建筑,尤其是具有历史价值的古建筑,必须保持初建时的样子,不可改动。即便如此,还是可以在保证安全的前提下对内部结构进行改建和装修。英国人自身还十分重视经验,性格中有保守的一面。老舍先生认为,绝大多数的英国人都比较怀旧,所以"复古"甚为流行,这样的观念不仅体现了他们的稳重守成,同时也说明他们对待历史的态度。❶储安平也曾言:"英人很重视经验,又很保守,两事线索相连。经验是'曾经有过的事实'。英人不喜新奇,不爱凭空架屋,喜以过去的经验为张本。凡是过去所有的,俱觉可爱实用,不欲废之,遂成保守主义。"❷英国人已经把对古老传统的崇尚转化为对民族国家的热爱。其实英国的保守主义有很久的历史渊源,自光荣革命后,英国的任意一次变革与进步都是在和平演变的前提下进行的。因此,几百年来英国都处于稳定发展的局面。它的保守并不能理解为单纯意义上的保守,而是更加看重内容而非形式。

从某种意义上讲,英国式的保守主义似乎阻碍了其工业设计地向前推进。虽有人将英国工业设计之路发展缓慢归罪于保守主义,但实际上正是保守主义将看似矛盾的"进步"和"保守"两个倾向结合,促成了合理的变革。英国工业设计的发展也正是在这样一种尊重和重视传统的前提下进行的。

3.1.2　英国反对工业文化的人文思想视角

3.1.2.1　两种不同的论调

工业革命是一项社会变革,在广泛的公众支持下得以顺利推进,但如其他任何革新一样,有其成功之处,也有其失误之处。成功之处是它激发了人的创造力,失误之处是它加剧了社会的不平等。于是,在追求财富与追求平等之间失去了平衡。正是这样的事实,使人们对英国工业化道路提出了疑问,并出现支持和反对两种不同的声音。

英国的工业革命自18世纪中期开始直至19世纪中期,已经发展的相当成

---

❶ 图仁.绅士英国[M].南京:江苏文艺出版社,2000:56.
❷ 图仁.绅士英国[M].南京:江苏文艺出版社,2000:56.

熟。历史学家托马斯·卡莱尔（Thomas Carlyle）称为"机器的时代"（The Age of Machinery）。经过工业革命的洗礼，英国经济脱胎换骨，已建立强大的纺织业、冶金业、采矿业和机器制造业，并在此基础上扩展国际市场，与此同时，铁路等基础运输以及以蒸汽动力的轮船成为推动海外市场的前提条件。与其他国家相比，此时的英国工业发展已处于最前沿。经济和工业的不断发展给国家、实业家、贵族和商人带来了可观的收益。同样，对经济增长、资本积累和国家繁荣的追求反过来又成为其共同目标。经济学家推行的"自由放任"政策，得到政府认同和许多地主、实业家的大力欢迎，为新兴实业家和商人的逐利行为提供了一种合理的解释。工业的优势越发明显，逐步取代土地在国家经济财富来源中的主导地位。社会力量随之发生变化，孕育出两个新的阶层，工厂主阶层和工人阶层。此时期，英国社会存在着三大阶级，六支社会力量。在工人阶级内部，并存着手工匠人与工厂劳动者。而在中等阶级内部也同样存在着两个分支，分别是以教师、律师、医生等为代表的旧中等阶级，以及工业革命造成的新中等阶级，即工厂主阶层，这些人大多属于暴发户。同时，辉格和托利两党又组成了贵族集团。新贵族、商人和金融家以辉格党为利益代表，托利党代表没落地主阶级和地方乡绅。其中中等阶级数量众多，层次复杂，阶层之间具有相当程度的灵活性和开放型，界限不明显，可根据经济因素的变化不断调整。在经济生活中，中等阶级构成了一个极有活力的重要群体，他们既是市场的买主，又是市场的卖主，积极生产创造财富以求致富。而此时英国的社会经济结构恰好为其施展抱负提供了充分的条件，工业发展促进专业化分工，从而产生出众多新的技术和新的市场。同样，由于英国贵族不享有经济权利仅享有政治权利，在面对中等阶级的竞争压力下，使得他们不得不重视经济并从事商业活动。

　　机械的繁荣使人类的劳动力被异常地节省，特别是节约了时间，过去用手工不可能实现的，现在均已成为可能，廉价的产品从这里输送到世界各个地方，英国人看到了工业发展、科技进步所带来的巨大优势。万国工业品博览会是工业革命胜利果实的展示，它于1851年在伦敦举办，这些五光十色的工业产品受到人们的欢迎，从大众对博览会的反应中，可以看出其乐观精神、对进步的坚定信念和物质主义交织在一起。此次博览会不仅是科学、进步和文明的展示，还起到了交流和宣传作用，于制造商而言是新材料、新设备引进的大好机会，同时通过此次盛会又将工业文化及其影响意义普及给大众。其目的就是对大众教育和劳动成果的庆祝，并鼓励各个阶级都应该积极参与其中。万国工业博览会对英国产生了深远的影响，直至之后的很多年，都被人们所称道。此次盛会体现了维多利亚时代王室、政治家、工商界人士与普通民众对机械化大生产、工业革命成果所持有的态度。这是一个变革的时代，一个痴迷于发展进步的社会，变革和进步事业受到人民的追捧。

在机械化大生产的号角下，英国的工业文明已趋向成熟。人们沉醉于机器生产带来的高效率和高利润，陶醉于技术进步带来的每一项成果，并贪婪的认为机械化不仅能够带来了物质、精神的一切，而且可以掌控自然。这种对机械文明的完全崇拜，使得对机械化的态度持续升温。而对于工业化背后所显现出的人文精神缺失视而不见。❶同时，机器生产所带来的工业污染和环境恶化也日益引起人们的关注。并不是所有人都像政治家、经济学家那样热烈欢迎需求与生产的增长、欢迎机械化大生产以及工业文明，虽然它丰富和满足了人们物质生活的需要，但是其负面影响也是很明显的。随着工业革命的持续推进，工业化背后存在的大量社会问题逐渐暴露无遗。自由贸易、竞争和日益膨胀的市场导致了生产过剩，合力造成了大规模制造业和市场的波动，这给新兴的产业工人阶层带来了明显的负面影响。一方面，各阶层财富分配悬殊、差距明显增大。另一方面，是工业化的飞速发展给生态环境所带来的负担。

3.1.2.2　对工业文化人文缺失的批判

工业文明是现代化进程的直接结果和基本标志。英国在经过工业革命的洗礼后，工业文化已相当成熟，各个产业从过去到现在，已经得到了一种长足的进步。工业化丰富和满足了人们物质生活的需要，然而这一进步之中却包含着异化劳动引起人本质的变迁、物质精神的分离以及对自然和生态环境的破坏等较多的成本和代价。

工业文明被阿尔温·托夫勒概括为四个特征，分别是标准化、专业化、同步化和集中化。标准化，就是工厂大批量生产的千千万万同样的产品；专业化，则是指在劳动环境中实行越来越细的分工化，以埋头只攻一门业务的专家和工人，替代了安逸自在的农民；同步化，在工业社会，时间就是金钱，贵重的机器不允许闲置不管，它们要按照自己的节奏进行工作，这就产生了劳动时间的同步化；集中化，农业社会把劳动分散在田头、村落和家庭中，而工业社会则把许多劳动力集中到工厂，把成千上万的工人集中在一起，在一个屋顶下工作。❷曾经劳动过程所带来的最直接的享受和美感在机械化的操作过程中已全然失去。

在从前手工业生产条件下，工匠们自己设计制造出整个产品，并把自己的创造性构思和审美性情趣注入其中，使它具有"生命"，成为审美关照的对象。相反，机器生产却将此过程割裂为若干环节，由许多个不同的人共同完成，并统一规格的批量生产。因此，就出现了由手工业社会的"道德人"转变为机械化社会以经济发展

❶ 于文杰. 英国十九世纪手工艺运动研究 [M]. 南京:南京大学出版社,2014:208.
❷ 方李莉. 新工艺文化论 [M]. 北京:清华大学出版社,1995:13.

为中心的所谓"经济人"❶。这不仅使产品丧失了个性和审美的吸引力，还使劳动者失去了思考和表现的可能性，劳动过程也就相应地失去了昔日的诗意，失去了它的审美属性。正如柳宗悦先生在《工艺之道》中所说，"一根线可以有着无限的变化，而机械只有重复没有自由，只有被决定没有创造，只有同质没有异构，只有单调却没有各种形态的演进。缺乏变化的规则导致单调，这就是机械制品冷漠和干涩的起因"。❷因此，生产过程变成了痛苦的枷锁，专业化分工导致了人的单维性，工业化和生产的自动化，使发明创造的功能和单纯的操作工艺学功能明显地分离开来，使人在劳动过程中只能机械地按操作规程进行标准制作。在这里，人的自由思考和自我表现被牺牲，机器化大生产的单调与重复正在逐步使人产生异化和分离，泯灭了人作为独立个体而赋有的创造力，消弭了工人在劳动过程中所应有的愉悦感。而这些原本都是传统手工业中所蕴含的可贵之处，却在工业时代轰鸣的机器声中逐渐消亡，这令当时的思想家和艺术家们感到痛心。他们首先责难机械化生产方式，对英国追求"批量化、标准化、专业化"的工业精神特质进行批评，并将之视作一个人文情感匮乏社会的主要成分。机械化大生产的生产方式被当时许多崇尚质量与艺术之美的艺术家所诟病，认为降低了产品质量与美感的同时剥夺了工人们通过劳动体现个人价值以及从劳动中获得精神愉悦的可能。❸同时，在经济学领域，马克思、恩格斯也对工业文明背后所隐藏的阶级本质和剥削与被剥削的社会关系等诸多弊端进行揭示。例如，其经济学异化理论，与思想家、艺术家所批评的有异曲同工之处。

（1）"浪漫主义"反抗

在工业经济和机械化大生产繁荣发展的19世纪英国社会，人们时常为工业文明的诸多表象所迷惑，陷入盲目的"工具理性"崇拜之中。然而，思想家、艺术家、设计师、作家等社会精英和人文主义者看到了工业繁荣的负效应，最先觉醒和行动，以多种多样的方式对社会精神进行"拯救"。文学艺术领域有两个流派分别是以"拉斐尔前派"为代表的艺术界和以浪漫主义著称的文学界，他们对此时期的工业文化展开了如火如荼的批判运动，成为当时的思想领域两个有力的声音。

浪漫主义运动作为文学界"反工业化"思潮在此时期尤为活跃，它的核心理念之一即追溯中世纪田园诗歌般的生存状态，借此批判工业化冲击下的现实社会状况。面对19世纪工业文明在现实社会发展中所导致的种种弊端，浪漫主义诗人（雪

❶ 于文杰. 英国十九世纪手工艺运动研究 [M]. 南京：南京大学出版社,2014:3.

❷ [日]柳宗悦. 工艺之道 [M]. 徐艺乙,译. 桂林：广西师范大学出版社,2011:67.

❸ 刘须明. 约翰·罗斯金艺术美学思想研究 [M]. 南京：东南大学出版社,2010:40.

莱/Keats，济慈/Shelley，华兹华斯/Wordsworth，布莱克/Blake❶）试图通过诗歌来寻求精神出路，表达了对城市化和工业主义人情缺失，以及这种环境所代表的功利主义和实利主义思维习惯的担忧。他们将目光投向前工业时期，热忱向往一种工业文明、商业经济以及资本主义价值观未曾破坏的社会文化，一种中世纪时代田园牧歌般宁静和谐的生存状态。他们所提出的自然、自由和信仰的口号以及自然崇拜观对当时及其后的艺术理论发展起到了启迪作用。与后来罗斯金的艺术文化批评中所倡导和坚持的自然和真实原则一脉相承。❷此时期，济慈、雪莱、司各特、湖畔诗派等诸多文坛名家流派的作品也都流露出一种对传统文明的追恋和怀旧，以及对现实的批判意识。作家如约翰·斯图亚特·密尔（John Stuart Mill）、马修·阿诺德（Matthew Arnold）、安东尼·特罗洛普（Anthony Trollops）、查尔斯·狄更斯（Charles Dickens）、托马斯·卡莱尔（Thomas Carlyle）都分别在其书中表达了一种对社会残酷现实（系统）的厌恶。这种浪漫主义反抗从文学到艺术再到建筑而逐渐展开。

（2）艺术与手工艺运动

艺术领域的"拉斐尔前派"（Pre-Raphaelite Brotherhood），又称"前拉斐尔兄弟会"，由青年画家米莱斯、罗塞蒂、亨特联手成立，共同倡导发扬拉斐尔（Raffaello Sanzio，1483—1520）之前时代的艺术精神，企图通过重建拉斐尔以前的艺术精神，来挽救英国当时浮泛、僵化和沉闷的艺术生态环境。他们具有鲜明的进取创新意识，坚持真诚的原则并直面自然，通过对自然的领悟扩大艺术的想象空间。在艺术理念上，拉斐尔前派将自由和个人责任视为彼此不可分离的问题。他们对伴随现代工业出现的物质主义和功利主义给予批评，并以自己独有的方式，表达对现实问题的关切和忧虑，他们认为中世纪文化中有着为后来时代所丧失的正直精神和创造意识。从其所倡导的一系列绘画原则中可以看出，拉斐尔前派力图通过自己的表达方式来批判和抗击工业化所带来的负面影响，与文学领域的浪漫主义流派一样，只是选取的方式与媒介不同罢了，但是他们的影响却远远不止于单纯的绘画，更多是对工业文明的深层思考。莫里斯曾以"武器"这样形象的比喻来描述以文学与绘画这种媒介。"拉斐尔前派"在中世纪精神与之后的工艺美术运动精神之间，架起了桥梁，它的主张和理念成为工艺美术运动的思想来源。

这种浪漫主义反抗从文学到艺术再到建筑而逐渐展开。中世纪人文精神受到艺术家们的推崇，反映在建筑、家具及室内装饰在内的艺术理解和艺术创作上。艺术

---

❶ 笔者译注：布莱克(Blake，1757—1827)，英国诗人、版画家。著有《诗的素描》《天真之歌》等。华兹华斯(Wordsworth，1770—1850)，英国浪漫主义诗人，湖畔派的代表。主张回到自然。

❷ 于文杰. 英国十九世纪手工艺运动研究 [M]. 南京：南京大学出版社，2014：146.

家们试图通过对中世纪的回溯，努力召回失去了的社会道德价值体系。作为建筑师、设计师和作家的普金对此时期出现的大量随意、草率地以各种类型的雕刻、印刷和手绘作为装饰的实用商品和室内设计提出了批评，他认为造成这样的结果都是商业利益和个人功利主义的驱使，审美和道德情怀已荡然无存。同时，拉尔夫·沃纳姆也对过度泛滥的奢华家具提出了批评，阐述了美与实用和谐的信念，并提出了良好的品位才能为卓越的设计提供一个永久的坚实基础。❶ 在他们看来，中世纪哥特式风格的建筑表达了一种道德和美学上的和谐，它们大多不做"附加性"装饰，或者仅仅以建筑主体中的构成要件作为其本身的装饰。也正如欧文·琼斯所说："装饰永远不应该被刻意建造。"而哥特式建筑此时的复兴最明显地表现了对工业文明的一种更强烈的逆反。普金的设计，很好地体现了他对哥特式风格的理解。1841年，普金在《尖顶或基督教建筑的真实原则》中列举了他源于哥特风格的原则。他写道："建筑的特色应该从属于便利、结构或者正当的需求。""所有的装饰都应该由建筑基本结构的丰富性组成。"❷ 同时，他还建议尊重材料的属性特点。普金的建筑、家具和室内用品设计都充分体现了这一点。1850年左右由伦敦约翰哈德曼公司生产的铸铁伞架代表了普金朴实的设计（图3–1），将他的真实原则应用于现代化生产流程制作的家具用品，其造型装饰巧妙地与伞的支撑骨架契合，既实用又精致。除此之外，此时期的先觉者如琼斯和科尔，他们也在以自己的方式努力寻找一种改变工业文明现存状态的途径和出路。同时代的其他设计师也以不同的设计方式阐释着普金"真实的原则"以及"实用与美的和谐"标准。例如，他们将家具本身的很多构件直白地显露在外，开拓了另一种装饰途径。这种新途径的发现，使得设计师们能够"于功能中寻找装饰"❹，他们刻意地将家具的合页、钉子等显露在木质主体的外表，以此丰富外部视觉上的质感和色泽的多样性。这既是一种朴素，同时也是一种精巧，非常符合真实、非附加性和尊重材料的理念。

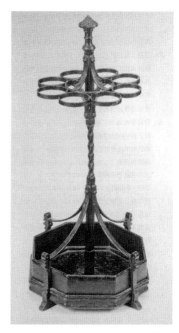

图3–1 普金设计的伞架❸

---

❶ [美]大卫·瑞兹曼，[澳]若斓达·昂. 现代设计史 [M]. 李昶，译. 北京：中国人民大学出版社，2013：60.
❷ [美]大卫·瑞兹曼，[澳]若斓达·昂. 现代设计史 [M]. 李昶，译. 北京：中国人民大学出版社，2013：60.
❸ [美]大卫·瑞兹曼，[澳]若斓达·昂. 现代设计史 [M]. 李昶，译. 北京：中国人民大学出版社，2013：61.
❹ 高兵强等. 工艺美术运动 [M]. 上海：上海辞书出版社，2011：53.

浪漫主义流派以及拉斐尔前派分别对艺术与手工艺运动理念的产生和实践活动的推进发挥了举足轻重的作用，其对机械工业所导致的社会情感体系震荡，以及引发的一系列问题进行反思和批判，最终成为艺术与手工艺运动的思想基础。此时期，以人文自由主义复古情怀，唯美主义和民族情结等为本的思想充斥着英国。工艺美术运动的基本精神，是当时很多思想互相交叉与融合的结果。它不仅仅代表着艺术家的态度，更深层次来说，它体现了某种哲学的思考。他们认为人类社会存在的本质在于社会情感的建设，其他物质文明都将服务于这一中心。如何平衡人的社会属性与自然属性的关系是他们努力解决的问题。工艺美术运动不仅是"艺术"与"设计"，更多的是一种人文精神的反思，以及对工业文明下社会如何发展以及人们选择什么样生活方式的思考。在艺术与手工艺运动的演进过程中，约翰·拉斯金、威廉·莫里斯和阿什比作为领军人物发挥了至关重要的作用。其思想理论与实践形成了层层递进的"链形"历史结构。

英国作家和艺术评论家约翰·拉斯金被视作普金的继承者，他们均强调对于中世纪艺术精神与生活理念的借鉴，都充分认识到信仰和信念对于艺术和生活的重要性。他谴责机器导致人的思维模式和行为方式的程式化，质疑几乎完全脱离了人的作用的"被动的机械性"，批评工业化与物质主义所造成的贫困和不平等。他相继出版了《建筑的七盏明灯》和《威尼斯石头》两部代表性的评论著作，多层次、多角度地批判了当时英国国内的工业社会现状，从建筑学出发逐步渗透到社会学领域。直指包括人与机器之间关系的问题，人与人之间关系的问题，以及从整体上涉及人与自然之间关系的问题，进而在最根本的意义上，乃是关乎人之存在意义的问题。

威廉·莫里斯作为艺术与手工艺运动的主要引导人（图3-2），他认为机器改变了一切，人类屈从于这种机器体制，忘却了艺术实践，丧失了对美的追求和想象的能力。从而使技术与艺术、物质实践与艺术活动之间出现了不可逾越的矛盾对立。他不满机械化生产环境下生产和美的区隔，试图通过在设计中重新融入美的元素，改变产品样式及形态、提升优良工艺的品质，从而挽救日益沦陷的人文和道德。

事实上，莫里斯持一种辩证的观点，他认为机械化虽然存在种种弊端，但是作为有助于我们更理想生活模式创建的手段，是未来的发展趋势，也是必不可少的。因此要讲求适度，对机械化的认知应更为理性，其发展速度应该在社会情感与人类道德承受能力范围之内，而我们所要做的不是去彻底"取消"机械，而是要适时、适度地去"削减"机械的躁进和狂妄。他的知识突破了艺术设计的范畴，从文明演进和社会理想的高度来观照，并不断在艺术中实践着他的情感社会主义思想。因此，艺术与手工艺的理念也是一种哲学主张。即人之社会性存在的本质，在于社会情感

图3-2　莫里斯公司设计的椅子，1866年 ❶

的建构与维系，其他一切文明手段都务必为这一根本性的目的"服务"；莫里斯竭力想要解决的，就是在机械工业时代中，人的自然属性与其社会属性之间的不平衡、不对等的问题。工艺美术运动不仅关乎"艺术"和"设计"，更在深层次上关乎对于"文明样态"的评判，以及对"生活样式"的选择。"这场手工艺运动从某种层面上表现出了对大机器生产和因循守旧的生活态度，以及对审美漠视的一种反抗。" ❷

此时期可以理解为以文学家、思想家和艺术家为代表的精英阶层，以改革实验抗衡早期工业生产的粗暴形式、人文道德的沦陷以及传统生态破坏的开始。

3.2　中国机械化进程中本土文化对工业文化的态度

机械化进程阶段，随着西方技术和文化的不断入侵，改变了中国原有的生活形态、社会习俗和传统秩序。在面对这种外来异质文明时，社会产生了各种集中的、急速的、大幅度的矛盾和震荡，使传统势力也相应出现一种直接具体的防卫性抵抗。但随着机器工业的不断入侵与权力阶层政治经济利益的促动，以及中西之间文化交流的不断扩大，出现了"欲拒还迎"的矛盾心理，起初敌对的情绪和防御性民族意识逐渐开始淡化并转为麻木。而这种对待外来工业文明逆来顺受的麻木态度，从另一方面加剧了工业化发展的"被动性"和"依附性"，从而阻碍了工业设计的发展进程，导致了中国工业设计在起步阶段就"先天不足"。

❶ Richard Stewart, Design and British Industry, 25.
❷ 于文杰. 英国十九世纪手工艺运动研究 [M]. 南京：南京大学出版社，2014：331.

3.2.1　中国工业设计进一步展开的社会背景

3.2.1.1　民族工商业发展与国货运动

1895—1937年是中国近代工业得到显著发展的阶段，呈现出许多前所未有的新特点，尤其是民族资本主义得到初步发展。中国民族资本主义的发展是中国近代工业发展的主要标志，它代表了这一时期中国工业发展的特征。在此期间，中国经济经历了三次发展浪潮❶，工业化和经济的发展以及相对和平的局面孕育了我国局部地区商业的高度发展，这种情形一直延续到全面抗战爆发前。这三次经济浪潮分别为1895—1914年、1914—1927年、1927—1937年，其时间节点分别对应的划时代事件为甲午《马关条约》的签订、"一战"爆发、国民政府的成立和抗日战争爆发。

总的来说，这30年中国工业发展的情况是：在资本主义列强进一步破坏中国原有的经济结构、破坏国内市场并继续扩大范围的形势下，民族工业在整整30年中，特别是在从1905年开始的收回利权运动时期，有了比较显著的发展。和民族工业同时并存且妨碍民族工业发展的外国在华工业和清政府的所谓官办工业，在这期间都发生了很大变化。

这一时期帝国主义对中国的经济侵略不断加深，外国在华的工业投资在20年的时间里有了飞速的扩展，从以商品输出转为资本输出，除了外国商品倾销的市场以外，又进而沦为几个国家资本激烈竞争的场所。据统计，从甲午战争前的2万~3万美元，增加至1902年的150930万美元，增加了4~5倍，1914年第一次世界大战爆发后，上升到225570万美元，超过1902年整体涨幅49.45％。至1930年，帝国主义投资总额共增加了10~16倍之多。❷同时，官办工业在甲午战争后也发生了明显的变化。接连不断地对外战争赔款，使清政府的财政负担空前沉重，迫使清政府对洋务运动中的官办工业重新整治，注重资本主义经营方式，希望通过盈利以解决财政枯竭问题。之前创办的十几个军事企业，如江南制造局、金陵机器局、天津机器局和马尾船政局等，在这一时期都得到不断扩充。官办民用工业的经营方面，比甲午战争前也有所发展。早在19世纪90年代以前，清政府就已经开始创办生产商品的所谓民用工业，但是在早期的民用工业中，商品生产的性质还不显著。几个比较大的民用工业，如左宗棠创办的兰州织呢局，主要为了供应西征军的需要；沈葆桢创办的台湾基隆煤矿，主要是为了供应福州船政局的需要；李鸿章创办的开平煤矿，则主要是供应轮船招商局的需要。一直到19世纪八九十年代之交，当李鸿章、张之洞

❶ 王春雷,王梅春. 中国近代工业化发展的三次浪潮及启示(1895—1937),河北经贸大学学报 [J]. 2008(3)：91—95.

❷ 吴承明. 帝国主义在旧中国的投资 [M]. 北京：人民出版社,1955:45.

等大官僚插足到当时盈利最丰厚的纺织工业时，民用工业才作为一个"兴利"事业受到清政府的注意。据统计，甲午战争后到第一次世界大战前的期间，超过1万资本额的工矿企业有549家，凡政府经营，政府监督商人自办，官员和商人合资的共86个，前者资本额在12029.7万元，后者在2949.6万元，约为新增加厂矿资本总额的1/4。在煤矿工业中，属于官办、官督商办、官商合办的煤矿，其资本额约占采煤业资本总额的一半。❶这一时期清政府对工业的资本主义经营主要是从充裕国库的目的考虑，同时利用发展官办工业来巩固封建大官僚政治地位，这是官办工业的两个特征。

正因为如此，此时期的民族工业在市场和资本上受到来自内外的双重压迫。一方面承受着来自帝国主义方面的压力，这是民族工业发展受到阻碍的一个主要方面。另一方面，来自国内封建政府对民族工业的压力，表面上清政府颁布了一些奖励工商业的措施，并且把原来的一些官办工业招商承办，似乎是要自上而下推动民族工业的发展。但实际上和帝国主义互相勾结，并非能给民族工业创造如资金、运输和税收等方面的发展条件。只有少部分与封建政府关系密切的官僚大资本家可以享受到比较特殊的待遇，中小资本家的发展和自由竞争受到排斥。面临着国内市场继续扩大而同时又受到国内外反动势力压迫的民族工业，其发展不但是缓慢的，而且是迂回曲折的。

另外，在这20年的发展中，民族工业主要集中在投资少、见效快的轻工业，重工业很少触及。这是由于中国的工业基础较为脆弱，轻工业能够快速提供利润，符合资本家追求利润的目标。更主要的是，重工业直接或间接掌握在帝国主义手中，失去了它存在和发展的客观条件。因此，中国民族工业的发展局限于轻工业的发展，这是其最大的弱点。虽然民族工业发展道路不健康，基础也不稳固，但总的来说从甲午战争到第一次世界大战的20年间有了长足的发展。

（1）民族工商业发展与国货运动

随着西方殖民势力的侵入，伴随而来的是大量的西方工业产品经开埠的通商口岸源源不断地涌入中国。人民的民族意识开始觉醒并迅速膨胀，争取权益和维护本国工商民生的呼声越来越高，在这样的情况下，民族工商业应运而生。同时，洋务派创办的近代机器工业，为民族工商业提供设备、技术条件和经营管理经验，对民族工商业的产生和发展起到了倡导、刺激和促进的作用。

薛福成、郑观应等洋务派的领军人物在逐步认识到西方资本主义对中国的商业

---

❶ 汪敬虞. 中国近代工业史资料第二辑（下册）[M]. 北京：中华书局，1962：869–919.

侵略后，萌发了"商战"思想，他们倡导国人改变重农抑商的传统思想。薛福成在1879年（光绪五年）编写的《筹洋刍议》中，主张革新政治，振兴工商业。他认为："有商则士可行其所学而学益精，农可通其植而植益盛，工可售其所作而作益勤，是握四民之纲者，商也"，"生财之大端在振兴商务"。❶郑观应在1880年（光绪六年）后历任上海机器织布局、轮船招商局、上海电报局、粤汉阳铁厂、汉阳铁路公司等企业总办或会办。他明确把在中国发展资本主义叫作"商战"，并主张"商战"对抗西方："讲求泰西士农工商之学，裕无形之战，以固其本"，❷"商战为主、兵战为末"，这是实业救国论的先声。王韬在介绍西方的经济、教育与政情时指出："英之立国，以商务为本，所至之处，以兵力佐其商力。"❸资本主义的经济的萌芽其实在之前的重商主义就已经初显端倪，并在洋务派改良运动的推动下，真正出现由农到商、重视工商业发展、以商业立本政策的转变。

19世纪末20世纪初，西方列强迫于应付一战战事，放松了对我国实施进一步的殖民化，中国经济得到了喘息和回升的机会，中国民族资本主义得到了初步的发展。此时的民族资本主义工商业主要是从轻工业和小规模的采矿业开始，在100多个企业中，80%以上是轻工业企业，其中缫丝工厂60余家，占全部民族资本主义企业的三分之一还多，其他如纺织工业、新式印刷业和火柴业也占有较大的比重。《江苏六十一县志》在三十年代这样记载道，造船、机器、缫丝、纺织、织绸、针织、呢绒、皮革、造纸、印刷、面粉、碾米、木器、钢器、毛巾、花边、胶布、橡胶、缝纫、漂染、仪器、文具、油墨、铅笔、装订、油酒、皂烛、火柴、烟草、制药、电器、电木、玻璃、珐琅、搪瓷、翻砂、砖瓦、油漆、石粉、冶铁、熔银、洋伞、猪毛、轧花、麻线、牙刷、藤器、竹器、罐头、饼干、糖果、汽水、调味、热水瓶、化妆品、罐头食品等，无不具备，大小工厂，多至数千家，男女工人，数逾20万人，其中尤以纺织、印刷、缫丝、面粉、针织诸业为最盛。❹由此我们可以看到民族资本主义工商业的创办情况。

然而，考虑到购买原材料和出口便利以及交通发达，当时的民族工商业都选择一些大的口岸城市，比如广州、上海等。地域分布不均匀，导致其发展的不平衡。其一，由于民族资本主义刚刚起步，并不占有很大优势，导致封建经济留存严重，传统生产方式依旧大范围沿用。其二，沿海通商城市由于早先外国资本非法建立的近代工业，机器工业的优越性和优厚利润，吸引着买办（最早同外国资本主义近代

---

❶ 丁凤麟, 王欣之. 薛福成选集 [M]. 上海: 上海人民出版社, 1987: 297, 502.
❷ 夏东元. 郑观应集 [M]. 上海: 上海人民出版社, 1982: 48.
❸ [美] 柯文. 在传统与现代性之间 [M]. 雷颐, 罗检秋, 译. 南京: 江苏人民出版社, 2003: 128.
❹ 张道一. 工业设计全书 [M]. 南京: 江苏科学技术出版社, 1994: 1066.

工业打交道）、商人以及洋务派官僚投资设厂发展民族工商业。通过经营新式企业，这些创办者们逐渐蜕变转化成为民族资产阶级。虽然新兴民族资产阶级积极应用新式机器与技术，但是由于他们尚处在起步阶段，各方面条件都未成熟，导致在资金、设备、规模等方面困难重重，与西方资本主义国家差距甚远，无法企及，产品更是无法竞争。

对于外国工业化对中国的冲击，存在着正、反两种不同的态度。一方面，积极论者认为，外商侵袭从某一方面为中国带来了资金、技术、设备管理方法等工业发展的前提基础，可直接为我国所用。相反，消极论者却认为，西方资本主义所带来的一切都是负面的影响，成为中国民族资本主义最有利的竞争对手，存在着资源的掠夺和流失，从而压制中国企业的自身发展。然而，这种积极与消极的影响同时并存，形成一种矛盾对峙的局面，相互作用、转化和消融。而国货运动正是国家、民众矛盾心理的集中体现。它是在近代中国民族工商业曲折而坎坷的发展历程中，由于不堪西方商品市场洋货倾销的压迫，不断酝酿激发出的社会群体经济自救与自强运动。

20世纪上半叶，面对洋货狂潮对中国经济发展的影响，民族资产阶级继续积极推行"实业救国"的主张，宣传购用国货产品，保护国货生产，发展民族工商业。民国政府一连串改革运动和振兴实业的政策，为中国工商业的现代化制造出相应的空间。随民国建立而组织的"中华国货维持会"，[1]旨在"提倡国货、发展实业、改良工艺、推广贸易"。[2]初期，维持会为提倡用国货展开大量的宣传活动，包括编印宣传品（如传单）、通函，劝请各商店销售国货产品，调查各类国货新产品，并加以宣传、联络各地成立国货团体及国货销售机构，以及召开国货宣传大会，并定期举行国货宣讲会等。随后成立的上海机制国货工厂联合会（简称机联会）更明确表示："非振兴实业，无以讲经济，于是我国货工厂，居扶助民生重要之地位，同时并负挽回外溢利权之使命矣。"并提请政府应该奖励国货出品，尤其是新发明，并"保护意匠权"。[3]机联会编辑出版《机联会刊》，专卖国货广告，积极宣传国货，参与各种国货运动。还特设机制物品陈列所，陈列及介绍各款电器、搪瓷等机制国货日用品。

---

[1] 中华国货维持会于1911年在上海成立，它是最早提倡国货的社团。国货维持会的宗旨是"提倡国货、发展实业、改良工艺、推广贸易"，起初它只限于倡导服装。衣帽等相关行业的国货，还未涉及发展实业和改进工艺技术等问题。国货维持会逐年吸收国货生产商和经销商入会，到1931年，它已有231家厂商会员，其中占主导地位的是以棉纺织业为代表的轻工企业。在推行国货运动过程中，国货维持会的成员越来越多认识到发展民族工业的重要性，他们明确"应该把这些已经有的工业尽量地发展，扩大生产，才是积极有用的办法。本来没有的工业应当积极去提倡，以免依赖于外人，这才是根本解决的方法。"潘君祥.近代中国国货运动研究[M].上海：上海社会科学院出版社，1998：69-77.

[2] 潘君祥.近代中国国货运动研究[M].上海：上海社会科学院出版社，1998：69-77.

[3] 潘君祥.中国近代国货运动[M].北京，中国文史出版社，1996：491-492.

一些先进的人士意识到单凭挽回民族利益的空泛呼声是无法对抗"事实"的敌人，"不振工艺，不精制造，而徒倡用土货以示抵制，此无价值之言也"，土货必须"改良形式，精美其物质"。❶也有人认为从"暂时抵制至自兴制造"，才是"真正之抵制"。❷在提倡国货的原则下，非得有"改良国货"的实际革新不可。一些留洋知识分子、美术家意识到现代设计对于民族工商业发展的重要性，并为此作出了努力。陈之佛就是早期的代表，他认为"工业品的艺术化"至关重要。首先，为了增加产品的竞争力，美化可提升其价值；其次，在这样的情况下，产品不仅实用而且美观，使"艺术以最实在的意味与一般民众的日常生活相关切，艺术化的制品，亦在最大价值之下而成为一般民众的生命之粮"。❸在参与外资、洋货的国际竞争中，民族企业借鉴和吸纳西方国家和东方日本的一些商业策略和方法，如以广告为中心的商业美术，以及萌发了"图案"和"工艺美术"的概念和形式，这是与西方设计理念第一次"嫁接"的结果。民族工业产品在美化的基础上，同样需要工艺技术的发展，生产效率的提高，从而达到物美价廉。相应地，广告宣传必须与产品的技术改进和品质保证同步推行。

此时"实业救国"的内涵较之洋务运动之时有所丰富，兴办民用实业的目的是不仅要抵制洋货倾销、垄断市场，还要生产出能与洋货竞争的优质产品，以赚取利润促使本国实业的发展。当时，各式现代化生活产品，例如牙膏、搪瓷、热水瓶，甚至家用电器，如电灯泡和电风扇等，国人已经开始自制。一些小型的国货商场、国货售品所亦陆续开办。这时，国货运动比抵货运动❹所采取的措施更为理性，在提升国货品质的同时，对外国先进的原材料、设备、技术、管理方法积极引入，从而更好地发展本国民族工商业。而国货运动体现了这种需求的增长，另一方面也促进中国设计在这种的土壤中得到成长。

3.2.1.2 "道统涵纳"与"中庸和平"的文化观

（1）"道统涵纳"的思想观念

如上所述，古代中国属于典型的封闭型地域，这种封闭性使中国文化自成体系，

---

❶ "倡用国货说"载于光绪三十一年八月初六日《岭东日报》。广东1905年反美爱国运动资料汇辑（一）[M].广州：广东省中山图书馆编印，1958：165.
❷ 潘君祥. 近代中国国货运动研究 [M]. 上海：上海社会科学院出版社，1998：3.
❸ 李有光，陈修范. 陈之佛"工艺品的艺术化"见陈之佛文集 [M]. 南京：江苏美术出版社，1996：301.
❹ 抵货运动：1905年，因美国政府歧视凌辱在美华工而引起的反美爱国运动，旨在维护中国旅美华侨的政治经济权益，运动采取了拒买美货的经济手段，倡导民众用国货产品。抵货运动有其特定的政治目标，其抵制对象往往是中外冲突事件中侵害中国权益的某个特定国家，其特点反映为：突发性强，持续时间较短，主要受到政治目标的牵制，较少顾及具体的经济效果，甚至对自身经济的发展也造成一定的损害。而提倡国货运动有别于此，它有始终如一的经济目标，即发展民族工业和经济。潘君祥. 近代中国国货运动研究 [M]. 上海：上海社会科学院出版社，1998.

独立而完整，并在其延续发展的数千年间未曾断裂。这在世界文明形态中是绝无仅有的。梁漱溟先生认为，"中国文化在其绵长之受命中，后一大段（后二千余年）殆不复有何改变与进步，似显示其自身内部具有高度之妥当性、协调性，已臻于文化成熟之境者。"❶ 在维持中国文化延续发展的历史进程中，重传承的道统观念也发挥了重要作用。

　　自孔子始，中国文化中就出现了厚古薄今的传统。孔子曾称自己为"好古敏而求之者也"，并坚持"信而好古，述而不作"。孟子、荀子相继发扬了这种观念，荀子还总结出"百王之无变，足以为道贯……理贯不乱"的思想。由此，"道也者，不可须臾离者也"的正统观念应运而生。到汉代，武帝倡导"复古更化"运动，主张继承尧舜三代的道统。董仲舒则提出"天不变，道亦不变"的原则。其后，虽然六朝曾出现了偏离正统的佛道与玄学思潮盛行的局面，但到唐代，韩愈又发起儒学复古运动，大力提倡恢复儒道正统，认为："所吾所谓道也，尧以是传之舜，舜以是传之禹，禹以是传之汤，汤以是传之文武同公，文武周公传之孔子，孔子传之孟河……"宋明以降，理学大兴，道统思想成为社会主流思想。道学家们认为理之精义载于圣贤之书，欲"为往圣继绝学，为万世开太平"，甚至要靠"半部《论语》治天下"。程朱理学在升华中国传统儒教的历程中完善了儒教理论，致使中国的传统人文精神在伦理纲常中走向僵化，扼杀了人的自主性。从而阻碍了中国文明发展的思想转变，使之成为中国文化的政治弊病，深深地嵌在意识形态、文化以及社会结构中。

　　需要注意的是，这种道统思想还存在于道家、佛教等思想体系，民间的社团组织如武术、手工艺等行业的门派也都有自己的师承和正统观念。这形成了中国文化尊古守常、重传承轻革新的特征。这一特征体现在政治、经济和文化等各方面。如文化界尊孔读经的经学传统，四书五经等儒家经典不仅是知识分子必究之学问，也是历代科举考试的考核内容。这种对道统的坚守和继承，虽朝代更迭无数，也未曾有根本上的改变。普通民众的生活生产方式也是重守轻变，不违祖制。如医家以家传秘方为生，商家以百年老号为荣，在社会团体、家族中则以师长为尊，此所谓："道之所存，师之所存"，"师草则言信矣，道论矣"。道统成为阻挡变革的坚硬盾牌，使得各种异言异行知难而退，也因而阻碍了历史进步的脚步。故而梁漱溟先生将"历久不变的社会，停滞不进的文化"❷ 视为中国文化的特征之一。在近代文化交流和变革中，中国人固守传统的文化本位主义，抱着"天不变，道亦不变，祖宗之

❶ 梁漱溟. 中国文化要义 [M]. 上海：上海世纪出版集团,2005:8.

❷ 梁漱溟. 中国文化要义 [M]. 上海：上海世纪出版集团,2005:12.

法不可变"的顽固思想，拒绝西方的科学技术，使中华文化丧失了交流发展的机会，中国在保守中沦为落后挨打的半殖民地半封建国家。

中国道统观念主要表现在注重内部的和谐凝聚，并以一元价值体系为中心，对于外部文化的学习与交流显得消极被动。❶ 由于中国拥有悠久深厚的历史文化，是东亚文化圈中发展最早、最成熟的文明之邦，加上典型的封闭型地域特征，中华民族有着极强的民族自信心和文化优越感。从历朝历代的朝贡体制即可窥知，历代王朝习惯上以"天朝上国"自居，视四周民族为蛮夷，以"用夏变夷"的心态采取"怀柔远人"的朝贡政策。在这种心态下，中国人很难有人类文明多元并存、共同发展的观念。而事实上，由于中国文化的优越性，使得其在与周边文化的碰撞中占据优势，从而以不变的姿态同化或改造周边文化。同时，以其极大的消融能力将一些外来文化的因子融入自身文化。这种强大的消融力量更助长了中国人的文化自信心，从而愈发尊崇和维护自身的文化传统，轻蔑其他外来文明。正如孟子所说："吾闻用夏变夷者，未闻变于夷者也。"这种夷夏有别的传统观念根深蒂固，导致对外来文化的视而不见。因此，直到鸦片战争前，中国仍固守着原来的朝廷制度体系，无意与任何外国建立平等互惠的正式邦交。从崇古守常、"天朝上国"到大一统的文化心态，使得中国人无法以平等开放的姿态积极吸取其他文化的营养，促进本位文化的发展与更新，从而导致自身文化的故步自封。中华民族固有的封闭、保守在这种自大中更加盛行，传统习俗主导着社会趋向，中华民族陷入守势文化精神之中不可自拔。

（2）"中庸和平"的思想架构

在中国的传统文化观念中，"和为贵，忍为上""家和万事兴""贵和尚中"被视为人们处理人与人之间关系的准则，所谓"礼之用，和为贵"。要达到"和"，就需要每个人都"抑其血气之刚"❷，这就是儒家所谓的"修身"。由此产生了"中庸和平"的思想架构。

宋代理学家程颐认为"中庸"即"不偏之谓中，不易之谓庸；中者天下之正道，庸者天下之定理。"❸ 朱熹进一步解释说："中者，不偏不倚。无过不及之名；庸，平常也。"❹ 简而言之，中庸讲求行为与思想的适中、适度。对于个人而言，要不断提高个人修养，为人庄重、谨慎，处世通达、圆融。所谓"君子慎其独也。喜怒哀乐之未发，谓之中；发而皆中节，谓之和"。也就是说，从人类的本心与本性出发，寻求适合的外部环境，包括自然环境社会环境，使人的内在需求得到适当的、适度的

❶ 徐行言.中西文化比较[M].北京:北京大学出版社,2005:101.
❷ 朱熹.四书集注,见大学·中庸·论语[M].上海:上海古籍出版社,1987.
❸ 朱熹.四书集注,见大学·中庸·论语[M].上海:上海古籍出版社,1987.
❹ 朱熹.四书集注,见大学·中庸·论语[M].上海:上海古籍出版社,1987.

表达，从而达到一种"中庸"的状态。❶ 与儒家的中庸观相对应的是道家的无为中道观。老子提出的很多观点其本质也是一种适度、调和的处世观。儒道两家的中庸观长期影响着中国人的性情，并铸造了中国人和平文弱的文化性格。汉民族性好和平，不尚武力，在处理民族关系中，通常优先采用的是"修文德以来之"的怀柔政策。只要对方不相侵扰或前来朝贡，便可不用武力。中国历代重文轻武为普遍风气，这在宋朝尤为明显。据史书记载，宋儒张载少言谈兵，曾以书谒范仲淹，而范仲淹却警告他说："儒者自有名教可乐，何事于兵。"❷ 于是张载始弃武从文。其重文轻武之风气可见一斑。

另外，在中庸思想中，事物虽是变化发展的，但却是周而复始、循环往复的过程，从而呈现一种自我封闭的状态。荀子曰："始则终，终则始，若环之无端也。"这就导致了"中庸和平"的思想架构存在只承认量变而不承认质变的认知倾向，具有封闭性。同时，"中庸和平"把认识和处理问题的变通性局限于"礼"的范畴中，"礼"是不可逾越的行为准则。如此，"中庸和平"的思想架构服从并符合于统治阶级的利益，从而缺少灵活性和变通性。对于普通民众来说，这种思想架构具有强烈的束缚性。它要求每个人必须严格地遵从其在家庭和社会中的身份和角色，不能有所逾越。对中庸、不争的鼓励导致了虚伪的个性，这是儒家学派所鄙视的。由于这些思想左右了人们追求真实的想法，导致他们为了维持一种稳定、节制而保持着折中妥协、持重隐忍、老成世故。也使"安分守己""适可而止""一争两丑，一让两有""出头的橼子先烂"等俗语成了中国人的处世格言。对人的认知也逐渐由"中庸"走向极端，往往用单一的眼光看待历史人物和事件，"守"则全，"变"则缺。这也让中国人在行动上走向极端，或一窝蜂上，或一窝蜂下，缺少主见，人云亦云的社会风气极盛。也因为这种"中庸和平"的思想构架导致中国人的平均主义思想严重，主张"均富贵""不患寡而患不均"。平均主义反映了人民追求平等的愿望，同时也反映了狭隘的小农意识，绝对的平均是不可能存在的。追求绝对的利益均等淡化了竞争意识，容易使人形成坐享其成的懒惰心理，使社会停滞不前。"中庸和平"的思想构架对于维护社会和平稳定做出了贡献，然而这种求稳不求变的文化氛围却在某种程度上成为社会进步发展的阻碍。

儒家所提倡的"中庸""仁""礼"等伦理，强调了秩序和服从的观念，也让中国的传统文化具有了尚古倾向，加上中国的封闭型特质以及其所带来的守成性的大陆型农业化，使中国文化中存在保守固步和不思进取的消极因子。

---

❶ 吴珉. "中庸"的境域及其美学分析 [D]. 中南大学, 2010.
❷ 吴珉. "中庸"的境域及其美学分析 [D]. 中南大学, 2010.

3.2.1.3　科技教育有序性发展

在洋务运动期间，向西方学习的改革思潮逐渐掀起，科学技术知识的传播和学习初具规模，并向有序性发展。具体表现在教育科技方面，提倡"师夷之长技"，大量引进西方科学和技术，培养经世致用之才。同时，"中体西用"观逐渐形成，以西方科学技术作为有"用"之物确定下来。通机器之理，翻译"有用"之西书作为自强之道在此期间尤为盛行。大量涌现的翻译西书的人士和政府开办的官方译局，使得大批包括理论科学、应用科学及人文科学方面的西学书籍传入中国。中体西用理论的创立以及各种科技书籍的翻译，使科技的发展有了合"理"的地位。

19世纪60~80年代，随着社会经济的变化，中国社会各阶层也发生了变化，一部分地主、商人和官僚开始向资产阶级转化，成为民族资产阶级的前身。一批具有初步资产阶级改良主义思想的知识分子，提出了若干改革教育、发展科技的主张，形成了早期资产阶级改良主义科技教育思潮。但其改革并未触动封建统治阶级的政治基础，其主张学习西方资本主义的自然科学和生产技术，但又没有同传统的封建文化决裂的勇气，仍要求"以中国之伦常名教为原本，辅以诸国富强之术。"❶直到19世纪末维新变法时期，才逐渐发展成为资产阶级改良主义科技教育思想体系。维新运动的倡导者著书立说，宣传民权和维新，企图改革腐朽落后的封建专制制度，并开展了一场规模宏大的资产阶级改良主义教育改革和发展科技的运动，这些均标志着中国近代科技教育进入一个新的发展阶段。1901年，清政府在政治、军事、经济和文化教育方面实行所谓"新政"。教育方面，以康有为、梁启超、严复和张謇的教育思想为代表，主要从废除科举制度，建立新学制，厘定教育宗旨，改革教育行政机构四个内容进行，逐步推进科技教育合法化。

19世纪末20世纪初，中国民族资本主义有了进一步发展，以孙中山为首的资产阶级革命派把中国人民自发的反对封建主义的斗争，发展为自觉的民主运动，他们重视教育的作用，把教育作为唤醒和组织民众的武器。并于1911年推翻清政府封建专制统治后，对教育进行了资产阶级性质的改革。此时期，他们创办革命报刊、建立新型学制、成立各种科学社团以及抨击封建教育制度。1912年1月，南京临时政府颁布了第一个改造封建教育的法令《普通教育暂行办法》。同时，为了彻底改革封建教育，使其适应资产阶级的政治和经济发展的需要，同年9月，教育又提出了以"注重道德教育，以实利教育、军国民教育辅之，更以美感教育完成其道德"❷的"五育"并举的教育宗旨，制定新的学校系统《壬子学制》。在推行新学制的同时，

---

❶ 董光璧.中国近现代科学技术史[M].长沙:湖南教育出版社,1997:329.
❷ 董光璧.中国近现代科学技术史[M].长沙:湖南教育出版社,1997:329.

教育部分别对入学要求、教学设备、课程安排、教师任用、资金管理等具体事项作出详细的规定，为科技教育制度化奠定了基础。1919年，以李大钊、鲁迅为代表的革命民主主义者，掀起了以"民主"与"科学"为旗帜的新民主主义文化运动，由此提出的科学精神和民主精神，为中国近代史和近代科学技术发展史做了总结。

3.2.2 中国反对工业文化的民族主义视角

3.2.2.1 传统文化特质中的消极因素

1840年，帝国主义的坚船利炮打开了中国紧闭的门户，不平等条约使中国不得不对外开放市场，并接受国际上的贸易法规。中国自足平衡的发展体系被打破，天朝神圣不可侵犯的王权被侵犯，国家面临前所未有的严峻挑战。自古，中国的一元价值理论使其认为周围的世界应该以中国为中心参照，从而构成了以"天下国家"观和"夏夷之防"的儒家理论为核心的价值观。正因为如此，国人具有一种与生俱来的优势，认为无论是物质和精神都可以自给自足，这种顽固的思想和传统的惯性，使中国对西方的挑战产生了抵抗力。这种自我意识的思维定式和自足的发展体系源于传统中国"封闭型"地域文化、道统涵纳的思想观念以及"中庸和平"的思想架构。而这些看似传统的文化特质，却存在着消极的因素，成为阻滞工业化、现代化前进的障碍。并且现实社会发展的速度远远超越了思想文化的进步，导致清政府在天朝帝国已不复存在的情况下，依然抱有中国中心的幻想，在此后几十年中都无法对世界和自己有一个清晰的认识。如马克思在1858年的预言：尽管"竭力以天朝尽善尽美的幻想来欺骗自己，这样一个帝国终于要在这样一场殊死的决斗中死去。"❶以下从文化方面的三个特质剖析中国对于工业文明态度消极的缘由。

（1）封闭型地域特点——重农抑商

封闭型地域特点导致的"重农抑商"。中国是具有统一民族文化基础和上下传承发展规律的"封闭型"社会。所谓的封闭型，是指自然环境相对封闭、较少受到外来文化影响的社会，也可称为"大陆型"文化。这种社会一般具备充分的自然资源，并依靠地产的自然资源独立进行生产资料和生活资料的生产，在农业时期经济和政治制度得到了充分发育。而且社会秩序稳定，人民生活富足。但缺少促进变革的刺激因素，社会发展相对迟缓。可以说，过去的中国文化是内陆的农业文化，而英国便是海洋工商业文化。这样的地域环境导致中国文化传统有相当大的稳定性，并自成独立完整体系。虽然中国的社会在漫长的历史过程中不断变化和发展，但与西方

---

❶ 马克思"鸦片贸易史"，马克思恩格斯选集(第二卷)[M]. 北京：人民出版社，1972：26.

文艺复兴以后所经历的变革相比毕竟比较缓慢。中国文化在其延续发展的数千年间，始终有着明确的统一性和承继感，未发生过根本性的断裂。❶

（2）道统涵纳的思想观念——重文轻技

道统涵纳的思想观念导致的"重文轻技"。中国几千年文化传统中，以儒家道统思想作为文化主流，并且强调道统的承传性质。中国社会的和谐依赖于等级森严的组织和上下发挥适当的作用，每一个人都遵循社会的行为准则，即中国古代儒家"礼"或"社会习俗原则"。民间的生活方式也是重守恶变、不违祖制，唯古是法，遵古炮制。从而形成了中国文化在纵向的历时发展上崇古守常，重宗派传承因袭而轻权变、恶革新的后喻文化特征。道统观念对中国传统文化的影响主要体现为眼光向内，重视内部的统一和凝聚，追求以我族为中心的一元价值系统。而在文化的横向交流和吸收上采取被动的姿态。中国文化具有如此强固的遵统合模、尚古拒变的历史惯性，自然不可能客观公允地看待异质文化，也不可能通过平等开放的文化交流积极吸取其他文化的营养，促进本位文化的发展与更新。因此，中国民族精神除了中庸和平的思想行为模式外，还表现为求统一、尚传承、重内省和轻开拓的文化心态，从而形成了以自我保存、向心凝聚为宗旨的发展方针和独立自主、稳定绵延的文化形态。

（3）中庸和平的思想架构——求稳不求变

中庸和平的思想架构导致的"求稳不求变"的变革态度。传统中国由于地理上处于半封闭的隔离机制，自足的农业经济以及强烈的血缘宗族意识铸就了中国人平稳求实的"大陆型"文化性格。由这一性格凝聚成了中庸和平的中国民族精神，并以"中"与"和"，或曰"中庸""中和"为价值原则和人格标准。何谓"中庸"，宋代理学家程颐认为，"不偏之谓中，不易之谓庸；中者天下之正道，庸者天下之定理。"朱熹又进一步解释说："中者，不偏不倚。无过不及之名；庸，平常也。"❷由此可知，中庸的核心便是思想行为的适度和守常。梁漱溟先生曾指出，西方文化是以意欲向前要求为根本精神的，中国文化是以自我调和持中为其根本精神的。张岱年先生则将中国文化的基本思想总结为四大要素："刚健有为；和与中；崇德利用；天人协调。"❸平稳守常与保守主义同是处理社会矛盾和变革时的态度。然而，对于传统的惯性和固执，使中国现代工业设计始终在继承和改良的发展道路上裹足不前。❹

❶ 李朔. 中英工业设计发展的社会思想比较研究 [J]. 艺术教育, 2015(9)：112-113.
❷ 朱熹. 大学中庸论语 [M]. 上海：上海古籍出版社, 1987：9.
❸ 张岱年, 程宜山. 中国文化与文化论争 [M]. 北京：中国人民大学出版社, 1990：17.
❹ 李朔. "中英工业设计发展的社会思想比较研究" [J]. 艺术教育, 2015(9)：112-113.

3.2.2.2 "欲迎还拒"的矛盾心理

19世纪中叶，中国仍然处在封闭的权势社会中，在遭受西方列强疯狂的殖民入侵后，给清政府以巨大的震撼，与此同时，依靠侵略者武器镇压本国农民起义的实践经验又给他们提供了新的思路，这成为清政府官绅改变对洋人态度的一个重要机会。60年代，中国对外国侵略和内部叛乱的双重威胁所作的基本反应是重新确立儒家王朝统治，力图维持封闭体制的残局，并按照传统的方式复兴而不是创新。

洋务运动是一场以维护清政府统治为目的向西方学习的运动。实质内容是以学习和利用西方资本主义国家先进科学技术来维护清政府封建统治。清政府洋务派被西方的坚船利炮所震慑，认识到"外国强兵利器，百倍中国"，必须正视现实，善以自处。为了安内攘外，洋务派兴学整军、建路开矿、设厂办局、交通外国、究西人经济军事之长以谋自强富国之道。以曾国藩、李鸿章和左宗棠为首的洋务派陆续兴办了规模不等的近代军事工业企业24个。以发展军工企业为目的的洋务运动成为当时解决国内外困境的主要方法。于是开始大批量引进外国先进的工业生产技术和机械，跨越式地步入近代经济社会。而洋务运动就是针对这种外来压力所产生的应急反应，使洋务运动的努力流于形式，仅对直接危险作出暂时反应，一旦危险过去这种反应就会消失。洋务运动引进西方现代化工业技术主要的目的是"强兵"，并炮制出"中体西用"的指导思想，妄图在专制制度及其伦常明教的桎梏下发展近代工业。"中体西用"思想具有"卫道"和"实用"的双重性格，反映出中国儒士阶层对于西学的矛盾心理。根植于心的传统观念，以及华夏文明的骄傲感，使当时的人们不能客观理性地面对和认识西方文化，他们背负着沉重的传统儒学包袱去学习西洋技术。并且，洋务派以"中体西用"理论作为其西学的一个体面理由，证明引进西方科学技术并非"离经叛道"。虽然，洋务运动使近代工业的开端带有强烈的寻求自强和抵抗入侵的民族主义色彩[1]，但是本质上说明他们并没有真正认识到西学的必要性和迫切性。虽然洋务运动在引进西方技艺方面取得了相当的进展，但是在传入之初，更多地遭到了反对和抵制，人们对西方科技文化的认识还很粗浅模糊，中国传统文化对摄取外来科技的抵触与对变革的抵制情绪一直存在，这种情况一直持续到1895年之后的维新运动才发生较大的转变。因此，中体西用是中西碰撞融合过程中的一种初级形式，是过渡时期思想文化二元性的反映。正如金耀基在其《从传统到现代》中这样说道："任何西方的新思想、新学说都不免遭到'欲迎还拒'的态度，这是中

❶ 杭间．"钱凤根．世界设计史的中国设计史板块建构"，设计史研究(设计与中国设计史研究年会专辑)[M]．上海：上海书画出版社，2007：12．

国知识分子自觉与不自觉的一种'自卫机构'的反抗。"❶

　　中国的近代工业化进程，是在中国封建文化的背景下进行的，在并未受到触动的中国传统观念和文化的基础上发展而来。换句话说，其是在外来工业生产方式刺激中国原有的生产方式的基础上，开始了中国工业近代化的进程，在半殖民地半封建的社会性质的影响下，呈现出不同于原生性国家工业进程的特征。由于这种引进是被动地接受和采纳，因此具有很强的被动性和依赖性。对中国来说，工业化、现代化的启动都是来自外部的挑战，这是不同于前工业社会发展的一个重大契机。如前一章所述，英国与中国不同，前者是在同质文化下的继承与发展，后者是受异质文化冲击后的引进与共融，所产生的反映就异常激烈。但对工业文明的态度，无论是接受还是拒斥，都是当时特殊的政治、文化条件下塑造的心态。

3.3　机械化进程阶段中英对待工业文化的态度差异问题

3.3.1　英国"修正性"的人文思想

　　随着工业化进程的深入，人们在度过了初期对工业化的崇拜、痴迷和沉醉之后，开始对这种新兴却是一种社会必然趋势的新事物进行自觉和理性的思考。人文主义者看到了工业繁荣的负效应，从劳动异化到生态破坏，在此过程中，人们意识到精神与物质的割裂，技术与艺术的分离。不仅如此，还有来自人类心灵深处的信仰动摇和人文思想的失落。因此，人们开始人文主义的反思，这些对工业文明的反思，成为其"浪漫主义"反抗的土壤。

　　早期工业化生产虽然使生产效率获得提高，但由于生产技术不成熟所引发的粗糙和丑陋成为当时机器生产中一个严峻的问题，产品形式与内涵冷漠化和缺乏人文性是其最大的缺陷。机械化大生产的生产方式被当时许多崇尚质量与艺术之美的艺术家所诟病，认为降低了产品质量与美感的同时，剥夺了工人们通过劳动实现个人价值以及劳动中获得精神愉悦的可能。❷这一时期的艺术家和设计理论家从艺术和人道的立场出发对工业文明进行批判，开始探索将艺术与美融入生产中的可能途径，以多种多样的方式对社会精神进行"拯救"。我们可以通过托马斯·卡莱尔（Thomas Carlyle）1829年的著作《时代的标记》（*Signs of the Times*），设计师普金（A.W.N.Pugin）1836年的《对照》（*Contrasts*），以及约翰·罗斯金的1836年的《威尼斯石头》（*The Stones of Venice*）等著作找到其对工业文明的抨击之声。

❶ 董光璧. 中国近现代科学技术史 [M]. 长沙：湖南教育出版社，1997：34.
❷ 刘须明. 约翰·罗斯金艺术美学思想研究 [M]. 南京：东南大学出版社，2010：40.

此时期，各种文化思潮风起云涌，而工艺美术运动正是各种思想的交融的产物，不单纯关乎艺术还在更深层次上提出一种哲学命题。莫里斯本人对待机械文明的价值的看法是辩证的，他认为要把握好"度"。莫里斯认为，对待机械化，不能彻底地取消，而是要适时、适度地去"削减"机械的躁进和狂妄。其观点站在文明演进和社会理想的高度，突破了艺术设计的范畴，并不断在艺术中实践着他的情感社会主义思想。在这里，艺术与手工艺的哲学含义即人类社会的一切物质发展都应围绕精神共建，物质活动应当服务于精神，并以此为发展目标。

阿什比作为另一个手工艺运动的代表人物，他继承和发展了莫里斯等人的社会主义思想，并将其引入自己理想社会主义的价值体系。阿什比认为想要发展实用艺术就要有所舍弃并进而突破，不仅要变革单纯的传统手工艺，同时"适度"地使用现代机械化生产方式。❶在现代生产中，人类的个性不可缺少，同时机器的参与也是不可或缺的。"据我对我所熟悉的行业所做的粗略的计算来看，在很多被社会主义者称为垄断的工厂企业中，约有百分之四十的机器使用是有弊的，约有百分之六十的机器使用则是有益的"。❷因此，把机器使用限定在人性、文化和环境能够可持续发展的限度之内是最为可取的。"从目前来说，机器破坏了人类的个性，但从长远来看，机器的发展对于人类和社会而言还是有益的。"❸在工业社会，机器的使用和大规模的批量生产是不可阻挡的历史趋势，从长远看来，人类文明需要机器来开路。艺术与手工业要想在激烈的竞争中生存，就不能拒绝机器的使用；限制使用机器，把机器的使用限定在人类、文化和环境能够可持续发展的限度之内，进而从内部重构工业社会，也许会是一条捷径，而"社会上存在一个受人尊重的手工业者阶层，这个阶层又乐于在新兴工业上作带头羊"也将是工业社会"良好的社会文化条件之一"。❹也就是说，人类既不能盲目排斥机器，也不能盲目崇拜机器，而要在人性占优势的行业中限制使用机器，在机器占优势的行业中引导使用机器。阿什比在工业文明中对人文思想与社会和谐的不倦追求折射了当时英国社会的现状。

这些改革者，如普金，提出道德论据，支持将哥特式风格作为美、统一的信仰、和谐的社会秩序典范，而另一些改革者，如科尔，更积极务实地成立设计学校，想在整个大众中培养一种共同的、具备敏锐鉴赏力的品味。设计"改革"旨在针对公

❶ 于文杰. 英国十九世纪手工艺运动研究 [M]. 南京:南京大学出版社,2014:270.

❷ C. R. Ashbee. Socialism and Politics: a study in the readjustment of the values of life. London: Brimley Johnson and Ince.Ltd, 1906: 23.

❸ Alan Crawford, C. R. Ashbee. Architect, Designer and Romantic Socialist, New Haven and London: Yale University Press, 1995: 116.

❹ [英] 胡格韦尔特. 发展社会学 [M]. 白桦,丁一凡,编译. 成都:四川人民出版社,1987:92.

众的兴趣、品位设立一个标准，通过这种方式灌输给大众共同的道德价值观。还有一些工艺美术运动的实践者用亲身参与工业生产的方式，通过类别多样的、具有美感的设计物来重新树立人们对美的品味和价值追求。在重新寻找人文主义精神的过程中，一部分人向"后"看，希望从传统文化中找到解决的途径，而另一部分人更愿意向"前"看，期望以一种全新的方法来建立人文主义理想。无论怎样，其目标都是一致的。以社会精英为代表的一系列改良思想和实践活动相继展开。早期的设计改革者们试图通过设计教育革新与建立艺术博物馆来重振前工业革命时代的"品位"，"矫正粗俗和陋习"，展现、传播普遍审美标准，提升社会整体的精神生活。英国政府资助成立的伦敦国家美术馆、南肯辛顿博物馆，即后来的维多利亚和艾尔伯特博物馆，成为设计和提升公众品味的聚珍地。此外，设计改革者们还尝试塑造公众舆论，协办《艺术学报》（1849—1851）杂志，出版插图供设计师和生产商效仿，想通过制造商、零售商、顾客和大众来共同促进设计艺术教育改革。因此，英国对19世纪机械化、工业化飞速发展的回应，是社会精英阶层自觉的"人文意识"觉醒，通过制定合乎社会和审美需求的"设计原则"灌输给大众美的品味和价值追求，对工业设计具有人文主义"修正"的作用。

3.3.2　中国"防御性"的民族主义

中国近代史是以列强的侵略开始，是一部中华民族团结抗争、抵御外辱的血泪历史。与西方赤裸裸的炮舰政策与强权政治同步产生的是中国民族主义，"民族主义"与"爱国主义"此时几乎是同义词汇，"民族"意识在与西方的对抗过程中酝酿而成。随着西方军事入侵和条约口岸增加，传教士和外商大量涌入中国，破坏了中国原有的社会习俗和传统秩序，进一步扩大了中西之间的思想鸿沟，出现一种直接具体的防卫性抵抗。

洋务运动就是清政府面对这种外来压力所产生的应急反应。中国对工业化的最初启动，就是从19世纪60年代以自卫为目的洋务运动开始的，为了试图挽救清政府的衰亡命运而从事的工业化尝试。虽然洋务运动在引进西方技艺方面取得了相当的进展，但是在传入之初，更多地遭到了反对和抵制，人们对西方科技文化的认识还很粗浅模糊，中国传统文化对摄取外来科技的抵触与对变革的抵制情绪一直存在，这种情况一直持续到1895年之后才发生较大的转变。作为指导思想的"中体西用"，只是为少数洋务派所具有，直到变法维新时期才广泛流行起来。它是中西碰撞融合过程中的一种初级形式，是过渡时期思想文化"防御性"的反映。

当时，清政府内有太平天国运动，外有第二次鸦片战争，构成了其开国以来最大的统治危机。由于对内对外战争中对西方坚船利炮的认识，不得不引进西方军事技术，以求"御辱自强"。洋务运动是维护国家生存，保全封建专制统治条件下而采取的自上而下的改革，是晚清政府在内忧外患交困的危机形势下的一个自救运动，具有明确的政治目标，所以说是防卫性的工业化、现代化。针对洋务运动早期工业化的努力而言，从启动阶段就暴露出种种重大弱点，使其面临巨大的结构性阻力，所有改革都是在原有的传统制度和权利结构范围内进行的修补，导致其规模非常有限并具有明显的保守性。同时，洋务派起初是由来自清政府的官僚士大夫的上层，后来逐渐发展到接受西方影响的中下层士绅，也决定了改革具有很强的官僚性。中国的社会是一个中央集权制的社会，像一个巨大的金字塔，皇权处在金字塔的顶端，控制着国家的政治经济命脉。中层是一个庞大的、由"俸禄"供养的文治官僚系统，这一阶层受儒家思想熏陶，并享有一定特权，构成支持顶层皇权的强大支柱。而下层群体无比巨大，受中上阶层的管理和压迫，绝大多数处再半自然地经济状态。❶近代工业化改革之初是由中层官僚集团开始推行的，因此具有一定的局限性。首先，从顶层到中层的顽固势力由于其政治利益结成一气，使较重大的改革都难以启动和推行，导致工业化的保守性和局限性。其次，这些推动者的知识文化结构中并不存在对机器生产形式的储备，这样就造成了对工业生产没有深入了解的前提下，为了具体的目的而有选择性地引入。在这样的社会条件和思想指导下所进行的近代工业化进程，必然带着浓厚的主观选择性的色彩。

3.4　本章小结：中英对待工业文化的态度差异对中国工业设计发展的启示

英国对19世纪机械化、工业化飞速发展的回应，是社会精英阶层自觉的"人文意识"觉醒和反思。然而这种理性的反思和质疑，恰恰导致英国工业设计在机械化进程中出现了重大的挫折。良好的愿望和坚实的理论基础，此时此刻却并没有导致理想的结果。恰恰相反，由于反思和反省精神的缺乏，中国对外来工业文明采取一种逆来顺受的态度，同样也没有产生良好的结果。虽然在工业化之初的对抗过程中，中国表现出一种潜意识的防卫性抵抗，但是随着机器工业的不断流入以及权力阶层利益的促动，使这种防御性民族意识逐渐淡化进而转为麻木，然而这种麻木可能从根本上阻碍了工业设计的进程。虽然英国的反思精神会暂时阻碍和延缓工业设计发

❶ 吴晗，费孝通等. 皇权与绅权 [M]. 北京：生活 . 读书 . 新知三联书店，2013.

展的进程，但从长远来看它一定会让工业设计稳步向前。表面上看，英国和中国在机械化发展阶段似乎都走了弯路，但是其后续结果和长期效应却截然不同。或许我们中国从中英对待工业文化的态度差异中得到一些有关工业设计发展的启示。

第**4**章

电气化阶段中英工业设计
"质"变与"量"变的差异

英国在经历了两次世界大战后，工业化逐渐走向成熟和完善。以新科技成果为支撑的新兴产业和大众消费品生产部门的发展则增长迅速，由于战争期间英国的设计主要由政府控制，为之后政府推广和发展设计提供了经验。战后各种协会和组织活动层出不穷，设计教育也与国家整个社会融为一体，并形成了相对完善的教育体系。在某种意义上，英国工业设计是机械化到电气化的延伸和扩展，更多的是一个循序渐进、积累发展的过程。而中国工业设计在此阶段的发展却发生了质的飞跃，进入一个自觉的建设性阶段。改革开放以来自上而下、从物质到精神的彻底变革带动工业设计快速发展，经济的逐渐崛起、文化意识的复苏为中国现代设计观念的"主动"转型提供了条件。此时，中国工业设计基本追赶上了上百年的时间距离，其发展大概比英国晚几十年，从一个较低的起点真正开始进入一个良性发展的时代。本章就中英两国工业设计发展在电气化阶段质变与量变的差异展开具体的比较分析。

4.1 电气化阶段英国工业设计的扩展和延伸

电气化阶段的英国是自由资本主义的时代，其经济总体增长速度有所回升，从战时的匮乏期转到了复苏期。保守主义已经成为英国现代社会思想的一面旗帜，它不仅继承了传统，并在很多方面发生变化，逐渐在20世纪六七十年代演变成为"新保守主义"。在这样的背景下，英国工业设计在自动化、轻量化、紧凑化方面取得了技术改进和创新发展，并且以新科技成果为支撑的新兴产业和大众消费品生产部门的发展增长迅速。同时，设计促进组织及活动层出不穷，设计教育也与国家整个社会融为一体，并形成了相对完善的教育体系。

4.1.1　电气化阶段英国工业设计发展的社会背景

4.1.1.1　现代英国政治与自由资本主义

自由资本主义占据了整个19世纪，使得维多利亚时代的社会发展的方方面面都发生了巨大变革。这个世纪英国的经济仍在继续发展，并不断调整心态与政策以适应内部与外部世界的变化，维持着其大国的地位。但其在某些领域逐渐失去了霸主的地位，被美、德等国迎头赶上，经济总量居于世界前5位。20世纪英国的工业发展历程为我们提供了怎么适应世界变化、如何调整心态与解决对策的丰富经验。

第一次世界大战前，是英国工业化走向成熟和完善的阶段，经济领域内各种资源合并，开始从粗放型向集约型发展。其国内生产总值达到一个高点，1900—1913年，1.7%的GDP年均增长率，以及0.7%的年人均GDP增长率[1]。工业革命时期发展起来的传统工业，如棉纺织业、煤炭、钢铁和造船等，由于技术老化，国外竞争加剧，使其绝对的优势呈现出衰退的景象。同样不可否认的是，英国在技术革新领域中的绝对优势地位在工业革命范围扩展后也有所下降。由于这些工业部门起步较早，背上了陈旧技术的包袱，在技术改革和设备更新方面逐渐落后于竞争对手。此时期，随着资本的扩张，技术也成为新型市场的一部分，如何更快、更好地将先进技术应用于本国的工业领域，是加速工业化发展和缩短各国间差距的关键。然而，英国仍然奉行自由放任的经济发展政策，对保护本国技术和市场没有做出策略性的调整，呈现出某些新技术应用上落后于德国、美国等其他国家。但总的来说，20世纪初的英国在工业革命经济积累的基础上，依然拥有强大的经济实力。

1914—1918年，第一次世界大战给英国带来了较大的影响，结构性的伤害使英国经济在20年代后一直处于不景气的状态。工业生产主要围绕军需生产，与之相关的产业，如钢铁、化工、汽车、航空和军事装备等部门，得到优先发展，因此工业发展是不平衡的。由于战事的需要，国家对社会生活的各个方面进行控制，从经济管理到物资调配等，使自由主义的理念受到全面的危机，造成自由党思想基础不稳。同时，产业工人工会的影响力与日俱增，使工党急速发展并成为取代自由党的第二大党。

两次世界大战之间，英国经济总体增长速度有所回升，从战时的匮乏期转到了复苏期，工业产量直到1924年才重新恢复至1913年的水平[2]，并在1924—1937年，

❶ C. H. Feinstein. National Income, Expenditure and Output of the United Kingdom 1855—1956, Cambridge, 1972: 18.

❷ Keith Robbins. The Eclipse of a Great Power: Modern Britain 1870—1975, Longman, 1983: 142.

国内生产总值年均增长2.3%。[1]但与后来的竞争对手相比，由于增长速度慢，相对实力和在世界上的地位进一步下降。过渡时期，国家增强了对经济的干预，工业革命发展起来的支柱产业，如钢铁、煤炭、纺织和造船等行业，在国际竞争加剧的情况下，产能过剩、出口困难，呈现出严重的衰退局面，而以新科技成果为支撑的新兴产业和大众消费品生产部门的发展则增长迅速且比重增加。

1939—1945年的第二次世界大战，战时英国工业的重点依然是军事工业，与之相关的工业生产量大幅度提高，如飞机、船舶和汽车的制造工业，其采用的许多新技术在和平时期也有很大利用价值。特别是飞机和汽车制造业在战后转为民用，并对其产业发展起到了重要作用。政府加强了对生产的控制，对具有战略意义的基础工业和服务部门制定了详细的指导计划。战后经济结构转向正常轨道，经济迅速恢复，到1948年财政收支基本平衡，一直到1967年，英国经济处于平稳增长时期。[2]与"一战"相比较，"二战"对英国的影响更加广泛。一方面大部分殖民地战后进行民族运动并宣布独立。另一方面，战时国家对经济生活和主要工业部门的集中管理，为战后实行混合经济并建立福利国家创造了条件。随后工党执政，并在经济、教育、医疗和社会保障方面实施了一系列改革。此后的30年间一直保持着保守党与工党轮流执政的政治局面，混合经济体制和福利国家制度基本未变。

直到20世纪70年代以后，英国陷入严重的经济滞胀危机，即经济危机和通货膨胀同时存在，通称"英国病"。为了应对危机，以玛格丽特·撒切尔为代表的保守党上台，并积极倡导减少政府干预，推行以现代货币主义和自由主义为核心的经济政策。她主要采取私有化、控制货币、削减福利开支、打击公共力量四项措施。首先，撒切尔政府把40%的国有企业出售给私人，总资产达到200亿英镑。[3]并以货币主义取代凯恩斯主义，控制市场上货币的供应量，抑制居高不下的通货膨胀。其次，针对凯恩斯主义中起强化政府干预的举措，减少政府的直接干预，推动国有企业的私有化，实行民众资本主义，从而转变个人和企业对国家及社会的依赖感，提高企业的经济效益，减轻政府的财政负担。最后，改革政府税收制度，不断削减政府公共开支。政府不断降低所得税来激发人们从事生产经营活动的积极性，同时鼓励私有企业和国有企业开展公平竞争，削减教育、医疗和社会福利等领域的公共支出。事实上，撒切尔政府的一系列政策确实取得了一定的效果，经过几年的治理，英国经济终于摆脱了萎靡不振的状态，走上了复苏的道路。[4]在20世纪80年代经历了一段增

❶ B. W. E. Alford. British Economic Performance 1945–1976, P91.

❷ 王章辉. 英国经济史 [M]. 北京: 中国社会科学出版社, 2013:429.

❸ 钱乘旦, 许洁明. 英国通史 [M]. 上海: 上海社会科学院出版社, 2012:345.

❹ 王章辉. 英国经济史 [M]. 北京: 中国社会科学出版社, 2013:495.

长较快的时期，GDP的年均增长率、制造业综合要素年均增长率都高于20世纪60年代和70年代，经济整体保持了比较快的平稳发展态势。然而这种复苏的迹象仅仅是表面化的，撒切尔夫人针对经济所进行的调整，并未能真正改善英国经济发展"走走停停"的周期性规律。

整体来说，英国这一时期技术方面基本没有大的突破，技术革新中的绝对优势相对下降。起初，英国还能够利用其早发优势占据有利地位，但是当竞争加剧，新的技术不断涌现并应用于工业领域的时候，之前积累的工业基础反而成为突破的障碍，对新技术的应用方面也出现了保守排斥的态度，这就不可避免地造成英国生产技术方面逐渐落后的态势。战争时期，英国仅在军事工业以及制造所需电子设备、钢材和铝合金的冶炼方面取得了一定的发展，其余老的传统工业，由于起步早，背负着陈旧的技术和设备的包袱，对一些新技术的应用和新事物的接受表现出了相当保守的姿态。

4.1.1.2　新保守主义

在英国的历史发展进程中，保守主义始终贯穿和推动着英国社会历史发展。但随着时代的变迁而不断发展出新的含义，早期的保守主义源于18世纪末19世纪初，有学者将其称为"传统保守主义"。到20世纪，保守主义已经成为英国现代社会思想的一面旗帜，它不仅继承了传统，并在很多方面发生变化，逐渐在六七十年代演变成为"新保守主义"，同时直接推动托利党转化为保守党。事实上，对二战后新保守主义的界定是十分模糊的，不仅包含新的自由主义，也包含新右派以及撒切尔时期的保守主义。有学者认为，新保守主义是建立在"经济与观念的个人主义与市场的基础上的"，而旧保守主义是建立在"传统与等级的政治哲学与观念的基础上的"。❶一个主要特点是它既反对政府的干预，表现出与战后混合经济和"福利国家"划清界限。认为混合经济和福利政策造就庞大的政府、高税收、国有化和无休止的管理，个人独立的人格和进取精神被蚕食。虽然新保守主义也继承了传统保守主义的一些立场，但在自由和权威的选择上它更倾向于自由。

综上所述，在社会思想方面，保守本身已经成为英国民族的一种属性，无论是传统保守主义还是新保守主义都尊重历史，与民主的性质相吻合。重视宗教与道德在人类社会中的作用，主张社会应当具有合理的等级。不同之处在于，区别于传统意义上的保守主义，新保守主义更加有规划，与政治目标密切相关。我们可以从19世纪保守党反对自由贸易与自由主义，而20世纪又推崇"自由贸易""自由经济"

---

❶ Ruth Levitas. The Ideology of the New Right[M]. Oxford, 1986: 2.

和自由主义的政治经济理念看出其特性。所以说，它保守的是不断出现的变革的成果，并且这种可变性是英国始终走改革道路的重要原因。所以说，传统保守主义和新保守主义都是捍卫不同时期英国式的自由以及生活方式的表现形式。

社会思想方面除了新保守主义，民主社会主义成为另一重要的改良主义思潮。它对英国社会合理地协调各个阶层的矛盾，推动社会平稳发展起到了不可估量的作用。1995年，以托尼·布莱尔为领导的工党执政，开始了民主社会主义的改革。他认为国家发展既不应该"公有化"也不应该"私有化"，既不能放任自流也不能过度的干预，因为在某些时候政府、市场都有可能发挥必要的作用。这就形成了工党所谓的"第三条"道路，即社会成员共同参与、分享，成为一个利益共同体。这样才能充分调动社会成员的积极性与责任感，才能更好地协作推动国家政治经济向前发展。❶工党民主社会主义改革体现着战后英国社会结构的变化，而他们恰恰争取到逐渐庞大的中等阶层的支持，从而获得胜利。工党民主社会主义改革是带有英国特殊背景的温和与渐进的改革传统。布莱尔政府对国家发展所提出的新思路为英国经济注入了一股强大的动力，使英国社会发展出现了新的转机。新保守主义和民主社会主义代表了这一时期英国的主流思想，这些思想相互碰撞，与英国政治经济其他方面相配合，共同推动着英国的社会发展。

4.1.2　英国工业设计发展的"量"变过程

4.1.2.1　设计目标——手工艺与工业设计并行发展

（1）手工艺复兴运动

英国设计一直都执着的坚持自己对于设计的信仰，在处理传统与现代化的问题上，设计师们保持着审慎的态度。英国的怀旧与传统情结使英国设计始终保持着对手工艺的留恋，对传统的偏爱。正如20世纪70~80年代在英国出现的"手工艺复兴运动"，又可以称作"设计师——造物人"运动，以约翰·拉斯金、威廉·莫里斯为代表的"艺术与手工艺运动"作为其理论与实践的源头，旨在通过对传统技艺的复兴，以探索后现代、后工业化社会中手工艺发展新方向的一场艺术与设计运动。它主要集中于家具领域，设计师与工艺家集合设计、加工于一身，这样的设计—生产一体化的模式，使设计师全面的控制和更好地掌握从设计到制作的整个流程。他们一般拥有自己的设计公司或者工艺作坊，采用单件制作或者限量复制的形式，自行设计、制造实用性的产品。就单件制作或有限复制的生产模式而言，他们具有手工艺

❶ 陈晓律,于文杰,陈日华.英国发展的历史轨迹 [M].南京:南京大学出版社,2009:202.

人的若干特征。同时，他们又不受手工技艺的局限，其作品的形式语言、艺术风格与手工艺的传统风貌存在显著区别，因而又接近于工业设计师的性质。❶

约翰·麦克皮斯（John Makepeace）作为"手工艺复兴运动"的先驱与领袖他强调手工艺因材施教、因势利导的优势，使材料在质地、肌理、色泽等方面展现出其独特之美。与工业化大生产不同，手工艺对待材料的态度是迥然不同的。工业化大生产偏重材料的批量化、标准化加工，忽略材料各自的差异性。相反的，手工艺人善于发掘原材料中截然不同的特性与潜质，使材料可以更灵活和更具人性化的表达。他认为，没有一块木头是相同的，手工艺能够最大限度地利用、发挥材质的优点，这也是其相对于现代工业设计的优势之一。他作品的灵感来自自然演化的结果，注重材料自身色泽、肌理、质地之美的自然流露。比如一张带有树疤的橡木与榆木制成的桌子，这样的材料使得麦克皮斯看到了生命的韵味，特殊的材质配上简朴的造型、精确的加工，使这件家具称得上是"化腐朽为神奇"的典范（图4-1）。法国设计师夏洛特·佩兰德早在1984年就预言，"我想我们可以预见到一种向更纯朴的手工艺形态的回归——并非回归于旧日的技术，而是回归于小规模的工作，充分利用今日与未来的技术所提供的潜能。基于某些需要，大规模的生产仍是必需的，但越来越多的生产活动将由个人、艺匠所承担。创造力的碰撞将是巨大的，每个个体都必须实现多样化"。❷同样，荣·阿拉德（Ron Arad）和汤姆·迪克森（Tom Dixon）作为手工艺与设计之新精神的代表，他们粉碎了手工艺固有的形象，使手工艺与工业设计、现代艺术的界限不再泾渭分明。无论是材料与形式的选择，还是工具与技艺的运用都自由不拘束。荣·阿拉德创办的"单件（one off）设计事务所"，他的作品标新立异，具有鲜明的后现代与"高科技"风格特色，其初期的作品多采用现成的材料，如金属、混凝土、脚手架、旧汽车零件等，此后他转向探索材料与结构的一致性和新形式的可能。最著名的作品包括"Bookworm"书架（1994年），他的设计赋于材料最恰当的视觉感受，充满了线条感（图4-2）。汤

图4-1　约翰·麦克皮斯椅子设计

❶ 李朔. 传统与变革——英国设计的手工艺"怀旧"[J]. 艺术教育, 2015(2): 234-235.
❷ 袁熙旸."手工艺复兴运动"的三种类型[J]. 设计艺术, 2003(11): 11.

姆·迪克森创办的设计公司"创意废物回收站"采用废弃的金属及其他材料设计并制作家具。以及之后的"空间"设计公司，其家具和灯具设计将草编、藤编工艺以及金属焊接技术相结合，造型纯朴、风格诙谐、工艺简单平实。他专注材料、重视技术、融合文化，将创意、视觉效果、实用性与工业化生产完美结合在一起。从S形椅到尼龙椅到塑料管椅，从杰克灯、铜影灯再到发光体灯，这些都可以看到他对结构和材料的探索（图4-3）。这一运动激发了设计师对手工艺的思考，对自然材料与造物过程的热情，强调先进技术与传统技艺的水乳交融，突出对材料和工艺的实验性探索与创新性运用，探索将传统技术转化为当代全球化语言的途径与可能。设计向个性化、情趣化、小批量、甚至单件化复归，手工艺与当代设计重新合流。❶

图4-2　荣·阿拉德Bookworm书架设计

图4-3　汤姆·迪克森椅子设计

（2）新时期的设计创新

新时期英国手工艺随着科学技术的发展、文化艺术上的各种变革以不被人察觉

---

❶ 李朔. 传统与变革——英国设计的手工艺"怀旧"[J]. 艺术教育, 2015(2): 234-235.

的速度从传统的形态过渡到"新工艺"形态。手工艺因现代社会的经济条件、生活方式、人文素质和时尚文化等方面的影响已发生了彻底的改变。他不是传统手工艺的延续，也不是传统手工艺的现代形态，而是一种现代人日常生活的艺术形态。曾经式微的手工艺突然成为众多设计师趋之若鹜的元素。在莫里斯去世一百多年后，艺术与工业之间富于创造力的张力，一直激发设计师的灵感源泉。❶

　　当下，越来越多的英国设计师开始远离对新科技和材料的膜拜和追捧。他们开始思考并将设计看作避免创造出新事物，或者颠覆现有生产制作模式的过程。创意领域内一股新的诉求开始滋长，他们舍弃新的工艺与技术，拥抱自然简约的设计风格，并重新审视过去，他们希望能从中创造出全新的创造价值和社会价值。重回自然、重拾人性、多元化成为当代英国设计发展的基本趋势。设计师彼得·马瑞歌德（Peter Marigold）的家具设计"回归自然"与那些计算机套模的大规模生产不同，他的设计给予人一种真实感。通过运用木材等天然物料，加上几何感强烈的手工塑形，他的设计被赋予朴素平实之感。英国的设计与其社会历史状态分不开，设计师通过不断回顾、参照过去，同时又舍弃过去的方法来拿捏材料和形态（图4-4）。意大利出生的英国设计师马蒂诺·甘珀（Martino Gamper），他的"百天百椅"是将各色椅子的形式和结构元素重新组合，来研究和创造新设计，每一张椅子都拥有独特的形态和风格，具有极强的形式感与视觉语言（图4-5）。由此可见，当代手工艺与设计之间的关系正在发生微妙融合。

图4-4　彼得·马瑞歌德家具设计❷

---

❶ 李朔. 传统与变革——英国设计的手工艺"怀旧" [J]. 艺术教育, 2015(2) : 235.
❷ 王绍强. 漫步英国设计: 全球创意的起点 [M]. 北京: 电子工业出版社, 2011 : 12.

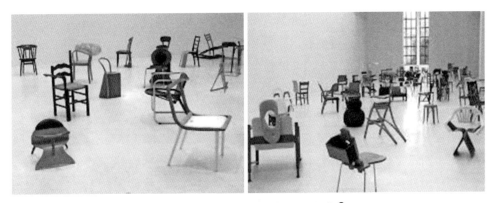

图4-5 马蒂诺·甘珀"百天百椅"❶

英国设计师创造的"奇迹"不胜枚举，综观这些设计师和他们的作品我们可以发现它们自始至终体现了从莫里斯时代开始就始终追求的英国设计的诚实、正直、精良的优良传统，以及英国"优质设计"的属性。在处理手工艺传统与现代工业化问题上，一方面，英国的怀旧与传统情结使英国设计始终保持着对手工艺的留恋，对传统的偏爱。另一方面，多民族不同文化的融合与碰撞极大地刺激着创意的酝酿与萌生，使人们面对新兴事物保持开放与包容的态度。因此，设计既体现传统的文脉，又包含当下的意识与思考。正如 AGI 国际秘书长及布莱顿大学艺术设计系教授乔治·哈迪（George Hardie）所说的"多样性是英国设计独立存在于这样一个并不太崇尚标新立异世界里的最吸引人的东西。"❷正是设计师们这种对待传统与现代审慎的态度，以及进步与保守互为表里，看似矛盾的关系导致其合理的变革，促进了独立和革新思想的产生并推动英国当代设计向前发展，从而形成了其独特的设计风貌。❸

4.1.2.2 设计促进组织及活动

19世纪末20世纪初，在工业对设计的冲击下，机器逐渐作为一种手工艺制造的必要工具为许多手工艺设计者所接受，艺术家和设计师在缓慢地反抗过程中悟出了工业与工艺的微妙关系，"敞开胸怀"接受工业生产、一分为二地看待艺术、工业与手工艺之间的关系。逐渐接受工业化大生产的方式并肯定其优点，试图结合设计使其更好的发展。然而，姗姗来迟的英国现代主义设计始终伴随着是否对机器接受的问题，始终没有尝试创建一个理论，直到1914年工业设计协会及其他设计促进组织

❶ 王绍强. 漫步英国设计：全球创意的起点 [M]. 北京：电子工业出版社，2011：12.
❷ 王绍强. 漫步英国设计：全球创意的起点 [M]. 北京：电子工业出版社，2011：12.
❸ 李朔. 传统与变革——英国设计的手工艺"怀旧" [J]. 艺术教育，2015(2)：235.

建立。正如吉莉·安内勒（Gillian Naylor）所说，"设计师理想的实现依赖于机械化生产的援助，而英国设计师们意识到的太晚。"❶但事实上，根植于英国的对传统和延续的尊重，艺术家手工艺人始终没有对现代工业文明陷入单纯盲目地崇拜与追随，而是保持着怀疑的态度。对于他们来说，重要的是无论是手工或机器制造都必须是精心制作的、优良工艺的和诚实的产品。进入20世纪后，手工艺人逐渐在工业生产的历史进程中找到了设计的去路。为了缓和急速发展的工业生产与手工艺制作之间的冲突，期间成立的协会和艺术院校致力于改进产品设计现状和提高设计教育水平。许多设计师都意识到，维系手工艺与工业生产的关系，需要对手工艺者、艺术家和设计师包括工厂工人在内进行良好的工艺知识的教育和培训。

（1）英国设计与工业协会（Design and Industries Association，简称DIA）

在世界大战的特殊时期，与德国和奥地利的战争使关键消费品进口忽然停止，为了应对海外产品竞争和贸易对抗，1914年，一些从德国科隆第七届德意志制造联盟展览会归来的艺术家决心建立一个相似的组织。1915年英国设计与工业协会成立，简称DIA，取代了多元化的皇家艺术学会，并采用"适合目的"（fitness for purpose）的功能主义作为其座右铭。之后，由英国贸易委员会策划的工业设计展在史密斯大厅展出，其中很多展品都是DIA成员从德国带回的，目的是宣传和推广"好的设计"标准以供制造商学习模仿。随后，伦敦一批商店和制造商开始同样委托设计与工业协会举办大型的新家具展览会，来测试公众的口味和意向。例如，1927年，英国建筑师舍玛耶夫（Serge Chermayeff）就利用这样的机会在牛津街的华林和吉洛（Waring & Gillow）举办了家具展览会。

英国工业与设计协会的成员都身兼多职，他们中不仅有教师、设计师、工艺师、建筑师，并且一部分有自己的产品制造公司，由此可以看出这些成员已经很好地接受设计与技术，手工艺与机械化的融合发展的观念。例如，安布罗斯·希尔（Ambrose Heal）创办自己的商店销售各种设计产品。弗兰克·皮克（Frank Pick）为伦敦地铁设计品牌形象，推动了设计的工业化应用。威廉·理查德·列瑟比（William Richard Lethaby）不仅是工业与设计协会的成员，还担任中央艺术与手工艺学院的院长，教授设计，解决艺术、手工艺与现代设计意识形态冲突的问题。而戈登·卢素尔（Gordon Russell）的实践跨越了两个领域，从乡村家具设计到他哥哥批量生产的无线电机柜。皮奇（Peach），森林精灵藤制家具和工艺品（Dryad Cane Furniture and Dryad Handicrafts）的创始人，其产品反映出手工艺与机器制造性质的融合。这些人

❶ Penny Sparke. A Century of Design: Design Pioneers of the 20th Century[M]. UK: Reed Consumer Books Limited, 1998.

把敏锐的商业触觉与设计意识有效地结合。协会成员主要针对制造商和大众对设计品位漠不关心的态度，试图通过宣传、推广改善人们的态度，他们还提出"适合目的"（fitness for purpose）的功能主义，此设计理念体现了他们为艺术与工业融合所作出的不懈努力。

（2）英国工业艺术学会（British Institute of Industrial Art）

学会的建立其实早在1914年英国政府就有计划，但由于战争的原因暂时推迟。到1920年又重新提议与维多利亚和阿尔伯特博物馆联合成立英国工业艺术学会❶学会是相对独立于政府但受政府支持的组织，协会注重推广手工艺精神，并定期举办国际性的展览。政府财政每年固定拨款，因此他们可以举行全国和国际性的展览，学会在巴黎、布鲁塞尔和其他中心等均举办过展览，并且学会能够开展小型的设计促进活动，有固定的展厅和收藏品。如他们有一个专门的设计师作品展示中心，其中一些作品还永久地收藏在维多利亚和艾伯特博物馆。英国工业艺术学会和之后成立的艺术与工业设计委员会有很多相似之处。1929年，世界性经济危机的爆发使英国工业受到很大冲击，为工业服务的工业艺术学会也因而被解散，而促进设计与工业联合与发展的任务重新落在了设计与工业协会的肩上。

（3）艺术与工业委员会（The Council for Art and Industry）

即将发生的经济衰退和国际设计运动的日益高涨使英国政府意识到需要成立一个委员会来促进本国工业艺术的发展。1931年，贸易委员会委派成立艺术与工业委员会（后来被称为皮克委员会），格雷尔成为展览委员会的主席，弗兰克·皮克担任副主席，委员会设立的目标包括消费者教育、设计师培训以及对工业设计标准等的普遍提升，并对"兼具优秀设计和日常作用的物品的生产和展览"做出报告，建议组成一个全能的、包罗万象的中心机构来控制工业艺术展览，并将其他组织的资源调入供它支配，定期的展览会便于组织、维护和社会性或交易性访问。"现代化生产的高品质商品"被推荐"吸收进国家收藏"中，特别是放入维多利亚和阿尔伯特博物馆作为永久收藏，为学生、工厂和公众研究提供"最好的现代设计"样本。委员会在格雷尔的领导下，成员规模在教育、生产和零售三个方面逐渐扩大，对公众审美和社会体制产生了相当大的影响。其中，委员会成员有维多利亚和阿尔伯特博物馆主管，埃里克·麦克拉根爵士；艺术批评家和欧米伽工坊创始人，罗格·福莱；建筑学家和批评家，克拉夫·威廉姆斯·埃利斯和上面提到的英国工业艺术协会主席，休伯特·卢埃林·史密斯爵士。委员会进一步提出提高优秀工业艺术家的地位，增

---

❶ 朱谷莺. 政府推广下的英国现代设计 [D]. 清华大学, 2004: 22.

加对工厂、高层次艺术教育及特定行业需求研究的建议。以此作为"综合协调计划"的一部分，从而促进本国工业艺术的发展。

在1935年布鲁塞尔和1937年巴黎举办的国际展上，委员会强调的英国优质产品展示并没有达到格雷尔的期望，他认为："一个真正具有代表性的展会将在相当程度上增加国家声望"。❶然而，与德国和苏联等国家相比英国工业展品却黯然失色。1937年，在皮克委员会的建议下成立了一个工业艺术设计师注册中心，自此可识别设计师的作品开始出名。此外，PEL（实用设备公司）和Isokon等公司也开始向欧洲大陆钢制家具销售发起挑战。实际上，由工程经济学家杰克·普理查德和建筑师维尔斯·科茨合作创建的Isokon公司在当时也同时雇用了德国建筑学家与设计师马塞尔·布鲁尔和瓦尔特·格罗皮厄斯。作为对昂贵手工家具市场衰退的回应，戈登·拉塞尔反过来将自己企业的设计定位于批量生产，特别值得注意的是迪克·拉塞尔为墨菲公司设计的一系列收音机机壳。为了促进本国工业艺术的发展，格雷尔提出对行业进行"经济、教育、技术和审美因素"的详细调查，并且包括"珠宝和银器设计和行业联盟""工人阶层住宅：家具和设备"以及"消费者教育"等。最有影响力的是1937年的"设计与行业设计师"这份报告，虽然把设计的重点放在"大规模机械生产的工业产品"上，但同时兼顾传统价值和工艺，显示出当时设计理念的优势和弱项。因此，倡导行业和学院之间的更紧密合作以培养高层次设计师变得至关重要。艺术与工业委员会在对"日常物品和服务的理智批判"职能方面起到了补充的作用。后来由于战争爆发，这个第二任官方机构不得不像其前任艺术和行业协会一样暂停工作。

（4）工业设计委员会（The Council of Industrial Design）

英国工业设计委员会于1944年正式设立，它是在战争时期的政府领导下，由贸易部主席休·道尔顿投资建立的，其首任主席是托马斯巴罗，首任主任是莱斯利，设立的目的是用各种方法来推动英国工业产品的设计提升，其侧重点是在战后重建时期内的竞争性经济环境下，提高英国工业产品在国内外的制造与营销策略。并且在日后能够在设计方面指导、协助生产商、政府以及公众。他们在重建时代的背景下，把重心集中在优化设计教育方面，希望以此来培育出满足本国在战争之后所需要的新型工业设计人才，他们始终贯彻和坚守"优良设计"的信念，而且为此理念开展了诸多相关的推广活动，受益范围既包括制造商，也涉及代理零售业主与消费者。1956年，该机构在伦敦干草市场构建的"设计中心"正式完成，其重要的目的就是

---

❶ Richard Stewart. Design and British Industry[M]. London: John Murray (Publishers) Ltd, 1987: 52.

给社会大众、生产商、零售业主以及国际贸易者展览当时英国精湛优良的工业设计产品。

20世纪60年代中叶，随着消费者对潮流的关注度和重视度越来越高，同时由于英国逐步开始重视工程与重工业，使其业务范围不仅涉及工业产品，还扩宽到工程与生产资料方面。1972年，该机构正式改名为英国设计委员会，自此其关注领域由开始时的各类消费品设计不断延伸至涉及工程、大型机械，以及公共设施、环境等更加广阔的范畴。1977年，时任主任的基思·格兰特主张把设计以及其价值的认知引进大众教育中来，以增强对大众视觉能力与设计意识的培养和提高。

20世纪80~90年代，英国对设计意识的关注越来越强，无论是顾客，还是制造商、销售商都非常坚信"优良设计"所带来的益处。当时，英国逐渐开始朝知识型经济转变和发展，以设计咨询与服务为主要业务的设计产业体系得到确立并不断完善，设计事务所的数量持续增长。同时，设计委员会及时地改变了业务政策，转而面向公司，给予其一整套扶持项目与方案，既使更多的公司愿意接纳优良的设计服务，也给本国的设计人才开辟了更广阔的发展道路。之后，委员会进行重新改组，成为规模较小且灵活性、协调性较高的智囊团队，被称为是"刺激英国设计的最佳应用"。

事实上，英国工业设计委员会自成立以来就是增强和提升英国工业竞争实力的重要途径与方式。1997年，英国政府着手实施"创意英国"的国家策略，委员会开始把如何使英国设计力量提升国家竞争力作为工作重心，开展了涉及"Design in Business Week""Design in Education Week"等全国性活动，以及在新千年之际筹划"千年产品"展，借此向全球显示英国最高端的国家设计和创意能力以及创新文化。如今，该机构已经成为处于英国政府、公司、设计团队和个人、教育、科研等领域之间的平台，充分地把设计领域内关联的作用因素结合起来，业务范围更加广泛，涉及为公司与政府部门提供相关的设计与产业咨询服务、创造高品质的设计奖项、推动设计教育、开展与相关院校的合作研究与研发。

（5）"英国能做到"

第二次世界大战后，工党上台，为了提高英国工业产品的国际竞争力，政府决定于1946年举办一次大型的工业产品展览，名为"英国能做到"，目的是向世界展示英国设计品质和重振国家精神。这次展览为提升大众对设计的兴趣提供了一个绝好的机会，同时通过传播设计的新概念，树立起新的消费形式，培养较高的审美品位。展览的纪念册封面一只白鸽象征和平年代的到来，其中27篇文章分别对不同领域的设计进行了讨论，萧伯纳（George Bernard Shaw）对此还做了诙谐的总结

（图4-6）。此次展览包罗万象，内容几乎覆盖了所有类型的工业制造产品，如日用纺织品、玩具、陶瓷、家具、旅游用品、运动产品和园艺用具等一些享有国际声誉的设计。展出的产品恰当地陈列在模拟的家庭、居室或户外场景中，使参观者对产品有一个切身的体验。罗伯特·古登（Robert Gooden）的运动产品展示被公认是此次展览中最精彩的部分，体现了英国运动产品设计高雅品质的特点。其中还有很大一部分"实用家具"的展示，实用家具作为战时国家对消费品市场计划和控制的策略，因战后恢复时期物资的匮乏，持续了几年的时间。战后木材的短缺导致战时实用铝材家具依然盛行（图4-7），厄尔尼斯特·雷斯（Ernest Race）设计的BA椅从战争时期的航空工业得到灵感，巧妙地将印模铸铝、胶合板和橡胶结合而成，不仅有现代金属的质感，同时软面材料适度地加强"手工技艺的痕迹"克服了人们对金属

图4-6　"英国能做到"纪念册封面及展览厅内部❶

图4-7　厄尔尼斯特·雷斯（Ernest Race）的BA椅❷

❶ Richard Stewart. Design and British Industry[M]. London: John Murray (Publishers) Ltd, 1987：74, 81.
❷ Richard Stewart. Design and British Industry[M]. London: John Murray (Publishers) Ltd, 1987：82, 90.

家具的偏见。还有许多其他设计也大量应用了替代的新材料，如盖比·施瑞博（Gaby Schreiber）设计的小件新型塑料产品和胶合板家具，罗宾·德伊（Robin Day）纤维玻璃铸造成型的椅子等（图4-8），这种风格一直持续到50年代。实用家具是战争时期英国为了应对资源和劳动力短缺而对家具生产标准进行严格控制的措施，称为"实用计划"。由于战事的需要，国家对社会生活的各个方面，无论从经济管理到物资调配都进行有计划的控制。1942年，政府为了对家具市场进行计划和控制，贸易部为此专门成立了实用家具顾问委员会。戈登·卢素尔（Gordon Russell）作为家具设计师、制造商和英国设计与工业协会DIA成员，成为实用家具顾问委员会主席，其他著名的设计师如罗伯特·古登（Robert Gooden）、迪克·罗素（Dick Russell）等也是其中的成员。战时"实用家具"以有限的款式、材料和劳动力为基本，设计一般以硬木建造框架，表面覆以复合木板，或采用硬质纤维作为两侧面板，整体具有理性而简练的线条，形成明显的现代简约风格。克莱夫·伊图斯特（Clive Entwistle）设计的音箱组合成为展览中最受欢迎的产品之一，它同时具备收音和录音的两个功能，框架由精致的木质薄层包裹（图4-9）。此时期，战前家具风格复制有所复苏，但工业设计委员会CoID始终认为："实用家具简练的线条、简约的风格是公众现代生活品味更切实的反映"❶。展品向大众推介好设计的标准和新设计的观念，吸引了超过100万人参观，社会影响力堪比1851年的万国工业博览会。"英国能做到"为提升战后工业产品质量和大众品位起到了积极的推动作用。

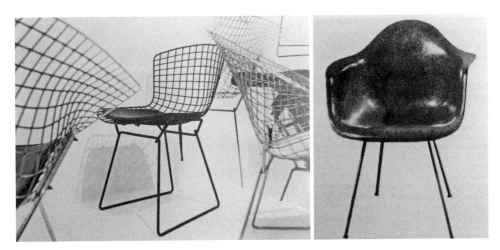

图4-8　盖比·施瑞博（Gaby Schreiber）设计的小件新型塑料产品和胶合板家具，罗宾·德伊（Robin Day）纤维玻璃铸造成型的椅子❷

❶ Richard Stewart. Design and British Industry[M]. London: John Murray (Publishers) Ltd, 1987: 104.
❷ Richard Stewart. Design and British Industry[M]. London: John Murray (Publishers) Ltd, 1987: 110.

图4-9　克莱夫·伊图斯特（Clive Entwistle）设计的音箱组合❶

　　同时，在战后恢复时期，政府加强了工业和设计的广泛联系，而工业设计委员会CoID成为促进"好设计"最重要的组织。为了达到快速发展的目的，最直接的途径就是转变制造商的态度，并提升设计师的素质。1947年，工业设计委员会重组分为工业和信息两个主要部门，并接手由皮克委员会建立的设计师注册体系，将原来缺乏设计水平检测机制的注册系统变为设计师名录，主要由委员会向各个制造业推荐优秀设计师，这成为委员会与工业保持紧密联系的主要渠道。同时，委员会还筹备和建立了一个永久性的设计展览中心，于1956年4月首次向公众开放，不仅展出包括家具、家居、纺织和医疗器械等各色工业产品，还出版设计索引、购买指南和制造商宣传册等，同时还发展出衍生纪念品，以及创办书店。设计中心在当时受到政府的支持与民众的欢迎，吸引了大量国内外人士到访参观。英国一直以其富有创意的展览展示来推广设计而享誉全球。同时，设计中心还设立年度奖，对其中优秀的设计作品进行奖励，得到设计师和制造商的积极响应，菲利普亲王还以亲自颁发设计中心奖来表示他对设计的支持，来扩大设计的影响力。此后的几十年，设计中心成为英国展示、宣传设计的主要场所。

4.1.2.3　设计教育的"举国制度"

　　英国的设计教育是由国家和政府积极参与和推动的，由于继承了传统沿袭下来的教育体制，设计学院由政府主办。英国是工业革命的发源地，也是最早开设设计教育的国家。其设计教育的"举国制度"体现在国家对设计教育的大力扶植。

---

❶ Richard Stewart. Design and British Industry[M]. London: John Murray (Publishers) Ltd, 1987: 83.

工业革命初期，英国整体的教育制度脱离工商业，并自觉地反对工业精神，赞扬教养和服务，反对庸俗的利润追求。这是由于公学这种特有的教育机构在英国传统上具有特别的重要性，公学和大学始终保留着绅士的价值观，其在塑造英国绅士性格方面起了最主要的作用。公学的课程主要以希腊罗马的古典文学语言，作为一切文科教学的基础，缺乏任何自然科学课程，其原因是担心自然科学同普通工业、工匠和商业效用的结合。目的通过文科教育对一个实利主义社会进行道德和精神的指导。因为，在上层阶级眼中科学是与工业相联系的，是有失体面的。而且，他们视工程技术和工商业为低贱的行业，认为文科教育是绅士的象征。对自然科学轻视，对科学家和工程师给予很少的关注及很低的地位，这些代表了此时期英国民族的观念与反工业的价值观。曾有一个生物学家在1901年这样描述，作为科学家在英国"他们只能获得区别，而无法获得面包。"尽管此时有牛顿、胡克、波义耳和他们在皇家学会伟大时代的同辈人，但是直到20世纪，实验科学在英国才被当作是一种适合于绅士的职业被完全接受下来。这就是为什么英国引领了世界上无数的科学发现与创造发明，但却由于应用不够未能使其充分发挥潜能。

　　起初，英国的艺术学院也同样仅仅是把促进纯艺术而非应用性或装饰性艺术的发展作为教学的中心，但随着机械化生产的大趋势发展，生产中的劳动分工越来越细，设计已从传统集制造为一体的过程中分离出来，并作为一个独立的环节，设计师的职业出现，他们在整个设计生产流程中的作用日渐明显。作为以工业为本的国家，提高工业设计和培养工业行业设计人员已成为当务之急。自1851年英国伦敦水晶宫举办第一次世界博览会之后，受以威廉·莫里斯为代表的工艺美术运动的影响，出现了对设计实践的重新重视。以往的以发展纯艺术的教育观念逐渐被新型实用艺术、工艺应用的理念所取代，相应的课程也逐渐被重视。为了解决工业产品的设计质量问题，英国政府从教育入手，对现有的课程设置、教学理念、计划目标进行大力改革，并整合资源，于1852年将原来的政府设计学校（Government Schools of Design）改名为南肯辛顿设计学校，由亨利·科尔主持。19世纪90年代，发展成为世界上最著名的艺术设计学院之一皇家艺术学院（Royal College of Art）。

　　在其很长的历史中，皇家艺术学院曾经因为忽视工业设计和对制造业缺乏热情，以及漫不经心的纯艺术课程遭到频繁的批评。直到1889年，瓦尔特·克兰（Walter Crane）任校长才对此有所认识和改变。瓦尔特·克兰作为工艺美术运动中的一个关键人物，他对当时教育体制的改革和衔接大机器生产和手工艺传承之间的断裂发挥了很大作用。克兰在任期间，非常重视动手实践与工艺技巧方面能力的培养，开设了一些设计工艺课程，颁发设计学位，其中很多课程的教学工作均由工业设计委员会的成员担任，使设计学同时成为培养艺术家和设计师的一门基础学科。如克兰本人和威廉·莱瑟比（William Lethaby）在皇家艺术学院教授艺术与手工艺原理方法时，特别强调以工艺为基础的教学，比如工作室。莱瑟比认为设计作为解决问题的活动，需要增加对工具、材料和过程的知识。"艺术不是烹饪的特殊调料，而是烹饪的本身。"这样的设计方法对设计师以及各委员会、协会成员产生了巨大的影响。政府就设计实践与技能结合的重要性也推出了相应的政策法规来指导，并成为设计教育改革的又一推动力量。第二次世界大战后，皇家艺术学院着手对设计艺术教育进行改革，重点转移到实践教育，为学生建立设施齐全的实验室和车间，让学生充分了解设计生产流程。教学大纲同时包含美术类课程和设计类课程，鼓励设计创造和自由表现。开始加强校企合作，努力培养学生的综合素质和解决问题的创新能力成为核心思想。英国设计秉承着工艺和设计基于"制作"的方法，一直影响至今。

从皇家艺术学院毕业的很多学生后来都在制造业中从事设计工作，设计师罗伯特·维尔奇（Robert Welch）就是其中的一个，他毕业于1955年，之后成为一名优秀的银器设计师和工业设计师，许多作品都获得奖项并收录在工业设计委员会的设计索引中（图4-10）。20世纪50年代中期，罗伯特·维尔奇与Old Hall公司合作设计生产的不锈钢吐司架、咖啡三件组合，成功地改变了传统设计的造型、材质和工艺流程。其设计生产的不锈钢餐具数量更是达到了几百万之多，挑战强有力的海外市场竞争，1980年他还被邀请为日本公司Yamazaki设计餐具。还有一大批自由设计师，他们自己设计、生产、制造包括餐具、家具、家具用品等产品，成为新一代优秀的设计制造师，如罗纳德·卡特（Ronald Carter）、大卫·梅勒（David Mellor）、罗伯特·赫里泰治（Robert Heritage）。

图4-10 罗伯特·维尔奇与Old Hall公司合作设计生产的不锈钢咖啡三件组合以及不锈钢餐具 ❶

❶ Richard Stewart. Design and British Industry[M]. London: John Murray (Publishers) Ltd, 1987：119.

与此同时，一大批优秀的建筑师和设计师联合起来，通过建立学校、社团、公司等来改善由于工业化飞速发展所带来的物质与精神失衡的状态。

　　并深入工业文明链条中发掘工业和手工艺和谐发展的途径，从而提高工业产品质量，推动工业设计发展。200多个教育社团在1851—1920年创立，比较有代表性的主要有1882年阿瑟H.麦克默杜（Arthur H. Mackmurdo）创立的世纪行会（the Century Guild）；1884年组成的艺术工作者行会（Art Workers Guild）；1888年C.R.阿什比（C.R.Ashbee）建立的手工艺行会学校（Guild and School of Handicraft）和同年瓦尔特·克兰创办的工艺美术展览协会（Arts and Crafts Exhibition Society）❶等，这些非政府组织的支持与相关机构的配套是英国设计教育发展的基础。

4.2　电气化阶段中国工业设计的突破和飞跃

　　电气化阶段中国经济体制经历了由计划经济向市场经济的转变过程，出现了由计划与供应向需求与消费文化模式的变迁。随之而来的是生产和生活方式的转变，人们消费和需求观念都在发生着深刻的变化。改革开放以来自上而下、从物质到精神的彻底变革带动工业设计快速发展，使其发生了质的飞跃，并进入一个自觉的建设性阶段，出现了设计目的目标的转向、设计组织结构的根本性改革以及设计教育模式的突破。

4.2.1　电气化阶段中国工业设计发展的社会背景

4.2.1.1　经济体制的转变

（1）计划经济

　　1937年抗日战争爆发，日本帝国主义的侵略导致一些城市和地区相继沦陷，中国工业现代化进程被迫中断和倒退，民族工商业遭到严重的破坏。虽然中国的资本主义从民国以来经历了一段发展的黄金期，但整体的工商业水平还非常低，这种极不平衡的社会转型还需要长期和持续的社会结构调整，而战争的破坏极大地延缓了中国社会的现代转型，造成了破坏性的影响。这一时期，既没有安定有序的社会生活环境，更没有正常的工商业发展的市场环境。由于资源短缺，工业生产仅仅能够维持正常战备需要和人们生活必需品，国家整体发展是在一种极其恶劣的环境下举步维艰地前行。毛泽东在《论联合政府》中指出："就整个来说，没有一个独立、自

❶ [美]阿瑟.艾夫兰.西方艺术教育史[M].刑莉,常宁生,译.成都:四川人民出版社,2000:199.

由、民主和统一的国家，不可能发展工业。"❶因此，直到1949年中华人民共和国成立，中国工业化、现代化才迎来崭新的发展时期。国家对工业经济环境进行整治和稳定，没收了国民党政府资本和征用外国在华工业企业，建立新的国营工业体系，统一全国财政经济，稳定金融物价，并采取调整工商、民主改革、三反五反和建立统一的社会主义市场等一系列有效措施，使工业生产总值得到全面恢复。据统计，从1949—1952年的3年间，工业总产值从140亿增长到343亿元❷。从1953年开始，中国工业进入了有计划的大规模建设时期。在苏联政府的帮助下，中国政府依靠原有的工业基础，制定并成功地实施了以重工业建设为中心的发展国民经济的第一个五年计划。这一时期实行了全行业私营工业公有化的改造，私人资本经营的工厂全部被收归国有或地方政府公有。私营手工业作坊或个体手工业者被纳入手工业合作社，而合作社的合作性在1957年之后则变化为地方政权所有性，成为地方政府经营的工厂。这种高度集中的工业经济管理体制在统一调度全国人力、物资，集中力量进行大规模生产基本建设方面发挥了一定的积极作用。

面对纷纭复杂的国际、国内形势，计划经济成为中国这一特定历史时期的产物。另外，中国自近代以来并未建立起中国重工业生产的基础，接连不断的战争又给工业生产发展带来毁灭性的影响。20世纪50年代，中国的国民经济总的来说呈现"短缺"状态，在资金、技术、人才和物资几乎关乎国民生产的各个领域都呈现匮乏之势。为调节、平衡物资短缺，市场调节和政府调节是两种可选的方式。无论采取哪一种形式，最终目的，以当时的社会生产能力来说，都旨在抑制社会需求，刺激生产者扩大供给，特别是对短期内不能实现供需平衡的产品若采用市场调控就会提高生产成本。相反，政府采用计划调节手段，除了可以获得利润之外，与市场手段的调节相比较，能够以较快的速度发挥实质性的作用。

计划经济体制下制定的产业发展计划，主要考虑到建国初期面临的国际国内政治经济形势，也是中国采取计划经济体制的缘由。中国作为后起的民族国家，不能够像此前的资本主义工业化国家一样，推行海外扩张，为工业发展寻求海外市场和生产资料，因此不得不依靠国内的资金积累发展工业，这其中政府必然要担负巨大的生产发展职责，调控国内的资源分配。"一五计划"期间，中国集中有限的资金和技术人员，重点建设156项工程。1949—1957年是中国计划经济形成的关键时期，中国完成了向计划经济的转变，金融、外贸以及个别短缺产品也实行计划和统一调

❶ 毛泽东. 毛泽东选集(第三卷)[M]. 北京：人民出版社，1991：1080.
❷ 国家统计局工业交通物资统计司. 中国工业的发展统计资料(1949—1984)[M]. 北京：中国统计出版社，1985：45.

控。❶在计划经济时代，国家经济发展计划对国民生产的产业结构具有重大影响。以重工业为中心的经济发展计划，迅速奠定了中国现代工业化的基础，"一五"期间，有 351 个大中型企业和 6000 多个小型项目全部建成投产，并由大批的老企业合并和改组，生产能力有大幅度增加。"一五"计划规定工业总产值平均每年增长 14.7%，到了 1957 年，工业总产值达 783.9 亿元，比 1952 年的 343.2 亿元增长了 128.6%，平均每年增长 18%，平均每年的增长速度比计划规定的速度快了 3.3 个百分点。❷在工业发展取得辉煌业绩的同时，其内部的产业结构并不合理，根据 1952 年官方公布的轻工业与重工业固定资产的比例为 29.5：70.5，这就凸显了计划经济在经济发展过程中对不同产业发展的调控作用。在农业生产方面，1951 年，国家对棉纱实行统购统销，控制了棉纱资源，从而割断了棉纱销售与自由市场的联系，一方面保证了国家织布工业生产计划的完成，另一方面稳定了市场物价。国家收购的棉纱数量大幅度增长，以 1953 年与 1950 年相比，棉纱收购增长 3.8 倍，收购量占生产量的比重由 7.8% 上升为 22.1%。❸

（2）市场经济

在新中国成立后，借鉴苏联和东欧等社会主义国家的经济发展经验，建立社会主义计划经济体制，是一条迅速改善落后的工业和经济发展状况的捷径，也是考虑到了当时与苏联地缘和政治体制方面的相近。因而，在计划经济实行期间，政府能够集中有限的人力、物力和财力进行国家重点建设，迅速实现中国重点工业项目建设，奠定了中国工业化发展的基础。计划经济下，生产、销售、经济决策与管理都由国家统一安排，在这样严格的调控下人们生产生活都趋于消极，从而导致生产率下降，加剧了供需关系紧张程度。同时排斥商品货币关系，忽视价值规律和市场的作用，造成资源配置效率低下，浪费严重。此时，为适应发展需要，解决中国经济发展的实际问题，从计划经济体制转向社会主义市场经济体制，发挥国家宏观调控和市场机制的双重作用，更有利于中国经济的平稳、健康发展。

相对于计划经济而言，市场经济是一种更为合理、有效的资源配置形式。从经济发展运行方面而言，社会生产和生活的需求处于不断的变化之中，市场能够以其对市场需求特有的敏锐捕捉到，以较为充分、合理的方式调配资源，减少、避免资源利用过程中的浪费。市场经济是一种自发的调节社会供求的机制。在商品经济条件下，一定时期内，社会供给与社会需求在总量上不可能完全平衡，在结构上也不

❶ 武力. 中国计划经济的重新审视与评价 [J]. 当代中国史研究, 2003(7)：441.
❷ 刘国良. 中国工业史 – 现代卷 [M]. 南京：江苏科学技术出版社, 2003：259.
❸ 刘国良. 中国工业史 – 现代卷 [M]. 南京：江苏科学技术出版社, 2003：283.

可能完全协调。❶ 在计划经济体制下，对供求进行调配，信息反馈过程繁杂，时间较长，不能够快速适应供求关系的发展变化，供求信息在传递过程中也难免失真，市场调节则不同，能够通过价格信号，准确、及时、灵活地反映、适应市场供求关系的变化，进而自发地引导生产、引导消费。市场经济本身是一种优胜劣汰的竞争体制。在市场经济环境中，同类甚至不同类的生产者面临巨大的挑战，促使企业采用先进的生产技术，不断降低企业生产成本，提高产品质量和外观包装，同时还要照顾到售后服务等一系列问题，才能够在市场竞争中掌握主动权，实行各个生产要素的最优组合。市场经济所具备的功用，是计划经济体制下所不具备的、也是不可替代的。

中国社会主义市场经济体制的建立，不仅是将市场机制作用于经济运行中，同时也改变了中国在计划经济体制下建立起来的高度集中、集权的工业管理体制。工业经济开始了从计划体制向市场体制的转变，所谓市场体制就是要建立包括生产资料市场、资金市场、劳动力市场、技术市场、企业产权市场等生产要素的市场体系。❷ 各类生产要素市场的建立，促使中国市场体系的逐渐完善，这就为市场经济的发展奠定了基础，而市场经济相区别于计划经济的一个重要特点是，工业发展和管理不再单纯依靠政府政令和计划，向着分权与行业管理体制方面转变。为顺利实现这一转型，国家对原有的部门管理传统做了多次调整，不断精简工业行政部门，裁并专业机构，减少在投资和物资等方面的分配权力，以及对监督与管理部门建设的加强和把控，然而对中间环节审批尽量缩减。❸

简政放权之后，各类行业协会相继成立，截至1997年全国性的工业行会达到210家。成立之初，政府要求它们以为企业服务为宗旨，在促进行业自律管理、企业横向联合、加快技术进步、协调生产发展中，都显示了特有的作用，是适应生产力发展的好形式。❹ 这样一来，既改变了原先单一的政府管理模式，行会能够发挥引导和推动作用，也能够反映广大企业生产者的意愿，并且不断扩大不同部门和地域间的协调合作。

4.2.1.2　需求与消费文化兴起

新中国成立以后，国家曾一度向苏联学习。到1956年，中国学习苏联社会主义模式的某些不良后果已逐渐显露，于是毛泽东主席开始思考适合中国的社会主义模式。提出建设社会主义的"十大关系"和一系列新方针，并落实为中国共产党第八次全国人民代表大会确定的政治路线。主要矛盾转变为人民对经济文化迅速发展的

❶ 刁永祚. 市场经济的特点与功能 [J]. 经济纵横, 1993(2) :6.
❷ 刘国良. 中国工业史 – 现代卷 [M]. 南京 : 江苏科学技术出版社, 2003 :602.
❸ 刘国良. 中国工业史 – 现代卷 [M]. 南京 : 江苏科学技术出版社, 2003 :628.
❹ 刘国良. 中国工业史 – 现代卷 [M]. 南京 : 江苏科学技术出版社, 2003 :632.

要求同落后的社会生产力之间的矛盾。这种探索在科学文化领域表现为"百花齐放，百家争鸣"方针的提出、发展科学技术十二年规划的制定和"以我为主，迎头赶上"战略的确定。

1955年年底，第一个五年计划基本完成，农业合作化和工商业的社会主义改造进入高潮。在社会生产关系方面的革命基本结束，工作的重点开始向发展生产力的方向转移。军事工业逐渐向民用工业过渡，经济围绕民众生活服务。国家自1979年要求工业部门在服从国家建设大局的基础上，努力搞好民用品的研制和生产。期间，一些工业骨干企业合并其他中小厂家，经过技术力量和生产设备的整合，制造出一批国内知名产品，填补了国内除建设急需用品以外产品领域的空白。例如，20世纪50年代后期诞生的中华牌铅笔、永久牌自行车、凤凰牌轿车和东风牌柴油机等。随着国家经济体制的不断改革，20世纪70年代末80年代初，国家由计划经济向市场经济转型，国内市场上又诞生一大批轻工业产品。自此，出现了由计划与供应向需求与消费文化模式的变迁。随着生产文化向消费文化的转变，人类的生产方式和生活方式也发生了变化，特别是人们对物质需求的重新认识，使其消费和需求观念产生了巨大的变化，设计和生产的目的就是为了消费，为了使人们的生活更方便、更舒适、更美好。到20世纪90年代，科学技术快速发展，各种新产品层出不穷。

4.2.2　中国工业设计发展的"质"变过程

4.2.2.1　设计目标的转向

（1）服务于实现工业化的计划生产

近代中国工业在多变的社会环境中有着长足的发展，到20世纪40年代末50年代初，轻纺、机械修造、矿冶和电力等行业都有一定的基础，但与国外工业比较，其水平还很落后，一些现代工业行业还没有建立，或只有象征性的点滴萌芽。新中国成立以后，毛泽东主席将早已经意识到中国走工业化道路的重要性付诸实施，要在这样的基础上进行大规模现代工业建设，在较短的时间内建成一个比较完整的现代工业体系是十分困难的，而苏联的设计模式，是政治、经济和技术高度结合的范例，向苏联学习自然成为当时的主要途径。此时期，苏联从工业器材和设备硬件方面，从帮助中国制定第一个五年计划、专家援华、为中国代培工程技术人才，提供技术成就、工业经济管理方法5000多项以及管理的成功经验等软件方面都给予中国工业建设巨大的帮助。从工厂到工地几乎每个设计部门，都有苏联专家指导进行设计工作，我国的许多设计机构也是在苏联专家的指导下发展壮大起来的。并且"一五"期间重点工程从设计到安装，大多由苏方负责或指导，从而使我国企业素质有较大提高，"一五"期间新增工业产值中70%来自这些企业。在建设实践中，我国工程技术人员得到锻炼，技术设计能力有所提高，造就了一支自力更生搞工业的科技队伍。

20世纪50年代中后期至60年代初，我国相继完成一批大型工业装备产品。如青岛四方机车厂于1952年试制成功新中国第一台"解放型"蒸汽机车，后进行技术改造，1956年在日本太平洋型机车基础上生产出"胜利型"客运机车。1966年我国自行设计制造第一代大功率蒸汽机车"前进型"。1961年，由上海江南造船厂和上海重型机器厂制造完成中国第一台万吨水压机具有里程碑的意义。在苏联的帮助下，大连造船厂于1958年造出了第一艘万吨轮"跃进号"，沈阳飞机制造厂于1963年生产的歼–6飞机，筹建的617坦克制造厂等。装备类机械产品的生产不仅大大提高了工作效能，而且使生产高强度、形状复杂和尺寸精度高的零部件成为可能。

随着经济建设的发展，人民的物质文化生活水平有所提高，我国也开始重视工业产品外观质量的改进。当时，我国把苏联看作是全面学习的榜样，因此，20世纪50年代的中国无论从政治、经济、教育、科技和文学艺术到意识形态等方方面面都受到苏联的影响，工业设计一度就是以苏联为蓝本和未来方向向前发展的。此时期，国际上广泛流行的技术美学的重要术语"迪扎因（desigr）"，苏联称"生产美学"，设计以实用、美观、工艺、经济几个要素为前提，同时结合现代技术的成果。简言之，就是产品生产需要同时考虑实用因素与审美因素，对我国工业设计萌芽期观念的形成产生了重要影响。

1957年全国工艺美术艺人代表会议上提出的"适用、经济、美观"创作原则，比较简练地表达了中国设计应遵循的正确原则。此时期工业产品的造型包装有所进步，产品设计不乏较好的成果。例如"解放CA10"型牌载重汽车的设计在苏联莫斯科斯大林汽车厂出产的"吉斯150"型载重汽车的基础上改进制造，为中国汽车工业发展开启了篇章（图4–11）。该车车型结构比较简单，坚固耐用，使用维修方便，对燃料、原材料、外协配套（由总装厂外的供应商为其提供零部件配套，称为外协配套）要求相对较低，适合当时中国的客观条件。造型设计上，从车头两个轮罩、宽大

图4-11　解放牌载重汽车 ❶

❶ 沈榆，张国新. 1949—1979 年中国工业设计珍藏档案 [M]. 上海：上海人民出版社，2014：32.

的进气栅、左右两个挡泥板到驾驶室，整车没有任何装饰及多余的部件，简洁有力度，且视觉稳定性强，完全服从功能的需要。细节设计方面，车灯、后视镜、仪表盘均采用圆形造型，考虑到与苏联气候的差异，解放CA10型在吉斯150型的基础上改进开启前挡风玻璃以解决车内高温问题。造型和细节均采用一种设计逻辑统领全部部件，整体感和实用性很强。品牌标志位于发动机上进气栅依附着的弧形外壳中心集中的地方，字体是毛泽东主席亲笔手书的"解放"二字，采用经典的金色和红色，配以象征中国的"一大四小"五角星和代表速度的"风云"造型。并且，我国还根据需要改装成适合各种用途的CA10型衍生设计产品，如公共汽车、加油汽车、运水汽车、倾卸汽车、起重汽车、工程汽车、冷藏汽车和洒水车等。之后"红旗""东风"牌小轿车的设计也颇具开拓性意义（图4-12）。

图4-12　根据解放牌载重汽车改装的车型❶

　　日用工业产品还涌现出一批以造型和内在质量见长的名牌产品，如"永久""凤凰""飞鸽"自行车，上海"58-I"型、"海鸥牌203"型、"紫金山牌2-135"型单镜头反光相机，以及"北京牌"电视机、"上海牌"手表、"三五牌"台钟、"熊猫牌"收音机等（图4-13）。但就总体而言，在70年代以前，在计划经济体制下，工业设

❶ 沈榆，张国新. 1949—1979年中国工业设计珍藏档案 [M]. 上海：上海人民出版社, 2014:41.

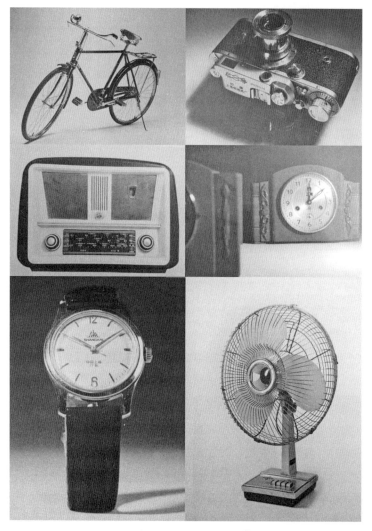

图4-13　日用工业产品❶

计是难以得到长足发展的。加上长期对外封闭情况，设计观念含糊不清，设计工作主要是产品表面的美化工作，产品设计更是显得滞后。❷

（2）从生产为主导到消费为主导的转向

1978年党的十一届三中全会之后，国家明确了以经济建设为中心，从计划经济向社会主义市场经济转变，制定实行经济体制改革和对外开放的政策。在此之前，连续不断的政治运动和社会动荡使中国保持着相对隔绝的状态，工业设计发展延缓。

❶ 沈榆,张国新. 1947—1979 中国工业设计珍藏档案 [M]. 上海:上海人民美术出版社,2014.
❷ 沈榆,张国新. 1947—1979 中国工业设计珍藏档案 [M]. 上海:上海人民美术出版社,2014:33–41.

直到实行改革开放，中国的国门才重新打开，与近代社会被动西学东渐有所不同，西方先进的文明再一次传入中国，人们主动、理性地对待其影响，加速了中国现代化转型的步伐，推动了工业化进程的速度。这一历史发展机遇，改变了原有的经济体制、社会结构和生活方式，并从根本上调动了人的能动性，作为独立个体的人的主体性得以重新确立。在此之前，"在意识形态领域遵从单一的思想体系"之下，现代性的主体性在中国主要体现在国家主体的独立性，表现为全民意志的高度统一性，而忽视和遮蔽了作为国家主人——个体人的主体性。❶随着我国由短缺的计划经济转向了竞争的市场经济，商品逐渐丰富，市场逐步活跃，人们收入有了较快的提高，开始注重生活品质，工业设计在我国才真正开始起步，并有了快速的发展。

　　经过几年的改革探索，中国社会进入高速发展的现代化建设轨道，在激烈的市场竞争下，考虑到国民经济平衡发展，我国由"卖方市场"转向"买方市场"，❷商品生产量比直接需要量稍大一些，促成卖方竞争，从而使消费者具有更多的主动权。而在此之前的20世纪50年代的计划经济时期，由于工业结构过分偏向重工业的发展，造成了轻、重工业的比例严重失调，经济管理得过于严格，国家把控供需计划，所有日用品集中生产，使产品本身的设计与开发比较落后，种类单一，多年一贯制。计划产品中创造性工作主要由"实用艺术"或"工艺美术"来完成，工业日用品设计多着重于产品外观的形式美化和图案装饰，忽略造型与功能、结构的有效结合，并且设计师人员短缺，自主的地位较低。很多企业并没有专门的设计人员，更谈不上生产与研发整个产品生命周期的良性循环，产品改良创新难以实现，造型基本沿用过去的形式，以仿制为主，如缝纫机、暖水瓶等外形基本没有改变，只是采用了一些新的材料和花样，还没有建立自己的工业设计体系。少数企业生产源自国外的产品，如仿造英国Raleigh1903年的自行车、美国公司胜家风格的缝纫机、美国设计的钢笔等，其中有些产品直到20世纪80年代造型款式都基本没有发生变化。并且，对工业设计的认识存在误区，仅仅停留在"美化"的理解上，还不能意识到设计是处理"人与物"关系的层面。大量人口对基本产品的需求要绝对优先于设计上的革新和创新要求，因此这一时期的制造业几乎不存在竞争。进入买方市场以后，西方发达国家的工业产品使中国的工业生产遭受到极大冲击，中国工业设计的薄弱环节暴露出来。随后，党和国家重新调整了轻工业与重工业的比例关系，加快了轻工业的发展，以消费品生产和发展为重心，从而调整产业结构制定国家计划。同时

---

❶ 陈晓华. 工艺与设计之间：20世纪中国艺术设计的现代历程 [M]. 重庆：重庆大学出版社，2007：166.

❷ 买方市场与卖方市场，前者指供大于求、商品价格有下降趋势的市场形势。这时，买方在交易上处于有利地位，有任意挑选商品的主动权。后者指供不应求、商品价格有上涨趋势的市场形势。这时，买方很少有挑选商品的余地，而卖方则在交易上处于有利地位。

实行扩大企业自主权、提高经济效益、节约能源等措施和使人民逐步富裕起来的各项政策，这对整个消费市场产生了很大影响，企业间的生产和销售不断加强，产品花色逐渐增多，产品种类单一的状况有所改善，出口贸易有了较大增长，整个经济形势一片大好。由于购买力的提高，产品竞争的刺激，日用工业品的造型设计开始受到重视，轻工业部等政府部门确定将工业设计作为重要的发展方向。1983年举办的"全国工业新产品展览会"凸显出工业设计对于经济发展的重要意义。

1992年，邓小平南行讲话进一步推动了社会主义市场经济的繁荣。中国经济经过30年的恢复和调整，逐渐建立起独立的工业基础，而依托于现代工业制造体系发展的工业设计，由于市场经济的重新确立使其回归到本该属于它的大众消费市场经济环境中。如火如荼的经济体制改革与工业化推进为工业设计发展创造了有利的社会环境，同时也使工业设计面临适应新的经济体制和经济发展要求的挑战。工业设计逐渐从"工艺美术"和"实用美术"中摆脱，进入现代艺术设计的层面。

4.2.2.2　设计组织结构改革

（1）全行业公有化社会主义改造

这一时期我国经济初步恢复，工业得以进步，并朝着合理的方向发展。在借鉴苏联工业发展和经济建设模式下，我国进行了自上而下的社会主义改造。中共中央七届四中全会正式通过党在过渡时期的总路线"一化三改"，即工业化，以及对农业、手工业、私营工商业的社会主义改造。因此，这一时期工业生产发展的特征主要有，全国范围内按行业实行公有化改造，私营工业企业成为国营或地方国营的公有制企业，手工业者被组织进入手工业生产合作社，至此，包括手工业在内的全部私营工业经济彻底改造成公有化经济，工业经济走上了单一化公有制的轨道；工业地区分布的旧格局开始改变，重工业、轻工业的格局与比重都有所变动。技术指标创最好水平；等等。从表4-1可见，在政府的统一安排下，1954年、1955年私营工业公有化改造进度加快。1953年有1036户，1954年达1744户，1955年达3193户。其产值1955年达到71.88亿元，是1952年的316%。❶到1956年对私营工业和个体手工业进行公有化社会主义改造基本完成。1952年全国工业总产值中国营工业的比重为41.5%，到1956年全行业公有化改造后，其比重上升到54.5%；私营工业的比重从1952年的30.6%降至1957年的0.1%，同时，构建了重工业、国防工业和基础工业，生产了一批大型工业装备产品，初步构成了一个互为相连的工业"产品链"。

---

❶ 刘国良. 中国工业史 – 现代卷 [M]. 南京：江苏科学技术出版社, 2003: 299-300.

表4-1　1949—1955年私营工厂公有化改造发展情况 ❶

年份	1949年	1950年	1951年	1952年	1953年	1954年	1955年
公私合营工业户数	193	294	706	997	1036	1744	3193
职工人数（万人）	10.54	13.09	16.63	24.78	27.01	53.33	78.49
总产值（亿元）	2.20	4.14	8.06	13.67	20.13	51.10	71.88
指数（%）	100	189	367	623	917	2328	3274
占全部工业总产值的比重（%）	2.0	2.9	4.0	5.0	5.7	12.3	16.1

　　新中国成立后的相当长时间内，国家对手工业合作采取扶植措施，手工业合作化是国家重点推行的一项经济政策，其中对特种手工艺生产更是极为重视。国家在"一五"期间，由于进行了大规模的手工业社会主义改造，分散落后的手工业生产被集中了起来，从原料到产品销售，从生产到分配，都纳入了当地政府的计划。手工业的社会主义改造以及合作化运动，通过资本积累的方式服务于整个社会主义事业，推动了中国工业发展进程。首先，促进了一些轻工业行业的形成和发展。通过合作社，使之前没有形成行业的轻工业产品，如专业的服装和木器家具等，逐步形成一个企业化商品生产行业。并且这些合作社大都成为日后发展地方工业的基础。其次，发展了一些新兴的轻工业产品，增加了一些新的制造能力。当时轻工业中的自行车、缝纫机和钟表等行业生产能力都比较小。通过社会主义改造，许多大中城市把一部分从事这些产品修理的手工业者组织起来进行企业化生产，使这些行业的生产迅速增加。如上海自行车三厂就是合作化高潮后合并267个小型作坊组建起来的。上海钟表工业当时还不能制造手表，只是先把五六个修理钟表的工人组织起来，依靠几台破旧设备开始试制。再次，为企业化了的手工业技术改造创造了条件。合作社新建厂房仓库，购置大量机器设备，相较于个体生产大大提高了劳动生产率。一些改造之后的手工业合作组织已不是原来意义上的手工业生产，已成为能提供成批产品的工业企业。手工业合作化后，对形成和发展轻工行业的专业生产起到了一定的积极作用。与此同时，全行业的社会主义改造体现了国家在计划经济体制下对设计管理的试验。

　　"一五"期间，工艺美术被纳入手工业生产管理部门，政府重视从生产的角度大力发展工艺美术。1957年全国工艺美术艺人代表会议上提出的"适用、经济、美观"创作原则，比较简练地表达了中国设计应遵循的正确原则。要重视"面向六亿

❶ 中国社会科学院经济研究所. 中国资本主义工商业的社会主义改造 [M]. 北京：人民出版社，1978：300.

人民，发展工艺美术生产事业"。❶ 讲求"三化"，即工业化、日用化和大众化。提倡适应现代化生产，使机器生产和手工制作有机结合起来，取长补短，各不偏废。提倡重视日用品设计，产品面向大众，使普及与提高、内销与外销合理配合，相得益彰。❷ 并且全国范围内的手工业社会主义改造运动轰轰烈烈地开展，对工艺美术学院的创建起到了直接而有力的推动作用。中央工艺美术学院于1956年的成立，它既是国家和社会主义建设的需要，也起到为合作社培养人才的作用。随着第一所高等学府的建立，遍布全国的工艺美术服务部陆续开张，工艺美术展览也相继举办。

手工业的社会主义改造对中国工业发展进程的影响是正负两面的。手工业合作化后，对形成和发展轻工业的专业生产起到了一定的积极作用。并且促使工艺美术的生产得以恢复、延续和快速发展。但是，由于这里的"手工业"包含了现代日用品设计和观赏性传统工艺，负面的效应就在于大规模的生产使其失去了某种精巧的优势。导致了某些行业在很大程度上缺失了品质感，最终变成了粗制滥造、千篇一律的产品。手工业门类众多，各地区特色不一，许多手工生产的技法要求无法一致，按照工业生产方式组织的合作社是无法完成这个使命的。从而导致合作社经营形式与内容单一，产品品种减少。手工业的社会主义改造是特定历史时期中国走向现代社会转折的必然选择。

（2）国有企业改革

中共十一届三中全会后的几十年间，以公有制、计划经济和平均主义分配为传统的社会主义主体经济理论向市场经济理论过渡，市场竞争机制逐步被引入原来国有经济一统天下的领域，国有企业面临着来自市场的严峻挑战。政府为了构建市场经济的竞争秩序，开始进行缓慢而艰难的国有企业改革。20世纪80年代以来中国工业30年的发展主要是国有工业的发展。进入20世纪80年代后，非国有工业经济成分迅速扩大，中国的工业企业所有制发生了深刻的变化，国有制比重不断下降，非国有工业经济成分迅速增加，三资企业、乡镇企业、私营和个体工业迅速崛起，并且比重不断上升，形成工业经济所有制多元化格局。这一格局的形成成为推动市场经济发展的主要动力。虽然国有工业保持着较高的发展速度，但1995年国有工业在全部工业中的比重已降到34%。1996年全国工业企业总和46万个，国有企业占20.3%，非国有企业占79.9%；工业总产值国有企业占39%，非国有企业占61%。❸

经济体制的改革开创了多元化工业经济格局，国内日用工业消费品市场告别了

---

❶ 1957年7月，国务院第四办公室主任贾拓夫在全国工艺美术艺人代表大会上的讲话题目。当代中国的工艺美术年表 [M]. 北京：中国社会科学出版社，1984.
❷ 袁熙旸. 中国现代设计教育发展历程研究 [M]. 南京：东南大学出版社，2014：107.
❸ 中国统计年鉴编写组. 中国统计年鉴 1997[M]. 北京：中国统计出版社，1997：12.

延续数十年的短缺经济，出现了多数消费品及部分生产资料的过剩现象。由于生活资料的更加丰裕，消费结构趋于合理，人们对商品有了更多综合性的需求，如高质量的工业设计产品。同时，促使中国市场的竞争从无到有，从国有企业、乡镇集体企业和私营企业在不同的产品种类、层次上的国内竞争到合资企业、独资企业的国际竞争。❶要想把产品变为具有竞争力的商品，工业设计是开发的根本，通过好的设计可以增加品种、节能降耗、提高产品附加值和企业经济效益。国家和各地轻工业部门认识到设计在推进技术进步、发展工业生产中的重要作用，提出依靠科技进步、以产品开发为龙头，从工业设计入手，调整产品结构，并对企业内部设计运行机制进行改革，从过去那种单纯生产型管理转变为具有对内调节对外应变能力的经营性管理。

　　传统的企业内产品开发往往运用行政管理方法，即开发什么产品由厂长或总工程师决定，然后下达生产指令交给设计部门负责人，再落实给设计人员，设计人员很少主动考虑为企业设计什么产品，并且大都关起门来搞设计，设计人员的主观能动性发挥不出来，产品开发周期长，产品花色品种单调，设计的一些产品经不起市场考验。这种由上至下的线性方式，使设计与其他部门脱节，成为工程技术部门的附庸。部门与企业领导层只有纵向的联系而缺乏横向的交流，在这样的组织结构中，设计对企业产品开发的战略性因素未能体现，设计部门的位置也决定了其不能在企业整体的环节中发挥作用，因而始终处于被动的状态。确切地说，过去的企业未把设计作为整体的发展关系来认识，产品在市场、设计、开发、生产、营销等方面被割裂开来，在企业内部由不同的部门进行，各自缺乏相应的联系。❷因此，改革改善了设计活动与相关的各个生产、管理环节的联系，使之能够相互衔接、协调，以保证设计工作的全面展开，最后生产出高品质的产品。

　　江苏省十大企业之一的"长城电器"正是依靠工业设计观念的引进，将它作为一种方法论来指导企业的经营活动，使其在1981—1990年的四轮"电扇大战"中冲出重围、站稳脚跟、独占鳌头。从过去单一的电扇产品到目前门类众多的家用电器产品，出口创汇1000万美元，企业发生了翻天覆地的变化。在长城电器，工业设计作为一种系统工程和规划，体现在每年投放市场的产品类型、品味方面，以之顺应时代发展的需要、不同层次的人们不断提高的物质和精神要求，并逐步转向诱导市场、提高人们的生活质量、改变人们的生活方式和工作方式。这种规划从其下属的设计部门工作流程可以看出，其厂下属两个开发部门，电扇开发和小家电开发部，

❶ 中国工业设计协会.中国工业设计年鉴 2006[M].北京:知识产权出版社,2006:100.
❷ 中国工业设计协会.中国工业设计年鉴 2006[M].北京:知识产权出版社,2006:100–101.

并且两个开发部门均设置了"工业设计科",配备了较齐全的物质手段,对改进型产品,工业设计科负责方案设计,根据方案的需要,由所需专业共同完成,其终端是保证方案的实现。对新型产品,"工业设计科"承担前期开发的调研及预想,从生活方式和工作方式的角度去规划并提出课题,技术开发同步式交叉进行,去佐证预想能否实现或修正后得以实现。此时工业设计思想必须贯穿始终,包括功能的制定、操作方式和材料的选用、尺寸及形式色彩的视觉效果,以及与之协调的产品说明书、包装等。否则各专业背对背的工作只能导致物与物之间机械地叠加或被动式地补充,其后果不言而喻。

这一时期,除了附属在企业内的设计部门外,为了提高对日用消费品工业设计的能力,国家积极支持建立多种相应的机构,如家用电器研究所、灯具研究所和电子研究所,20世纪90年代我国一些地区还陆续出现设计院、研究中心等各类设计事务机构。但真正以产品设计维持生存的并不多,解决这个问题的最好办法是从两头往中间走,即企业家要更新设计观念,打开厂门把设计师请进来,设计事务所也要研究我国经济特点和国内外市场需求,抓住典型产品设计打开局面,使其在企业和市场之间发挥良好的纽带作用。随着人民生活水平的不断提高和商品竞争的加剧,这类新型设计事务机构必将有更大的发展。

4.2.2.3　设计教育模式的突破

（1）教育政治化

新中国的成立标志着中国进入一个新的历史阶段,政治、经济和文化领域发生深刻变革的同时,改变着国家教育存在与发展的社会环境和历史土壤。政治体制的发展为国家教育创造了社会根基,经济建设与工业化进程的推动为国家教育奠定了坚实的物质基础。艺术设计教育作为国家整体教育的一部分,是国家教育形势的一个缩影。在不同的社会历史条件下,艺术设计教育经历了从整顿改造到发展,到调整巩固,再到文革停顿四个不同发展时期。所以,无论是国家教育还是艺术设计教育在特殊的历史时期均与社会政治紧密联系在一起。

新中国面临着迅速实现工业化、建设强大国防的现实需要,国家制定了赶超战略,教育成为实现国家目标的强大工具。此时期学习借鉴苏联模式,确定了教育改革。明确提出"一切以经济建设为中心"的体制改革,教育服务于国家经济建设的任务,开放资源面向工农,并改变原来"大而广"的教育模式为更实用,更有针对性。❶在经济、教育体制上追求与大工业生产相适应的制度化、正规化建设,形成了

❶ 陈晓华. 工艺与设计之间:20世纪中国艺术设计的现代性历程 [M]. 重庆:重庆大学出版社,2007:149.

按照苏联模式构建起来的新中国的教育制度，并从组织、理论、教材和方法等系统地全盘移植。过去社会化、多样化的教育格局被统一、高度集中的国家教育体制所取代。中国人民大学和哈尔滨工业大学成为推广苏联教育模式的样板和示范学校。教育行政部门和学校先后聘请大批的苏联专家来中国担任顾问指导教学、科研工作。1949—1960年聘请专家达到861人，其中理工科专家484人，占65%。❶"不仅在经济、军事、教育等制度建设层面，而且中国新的政治、经济、文化理论、教育理论，乃至音乐、美术、舞蹈、建筑，城市规划等理论、流派和教学体系，基本都是从苏联照搬而来的。❷

随着新中国高等教育的发展变革与制度调整，此时期艺术设计教育经过了举步维艰的孕育与萌发阶段，教育规模空前扩大，课程结构不断调整，逐渐从传统的工艺美术教育向现代型的艺术设计教育转变。1956年5月正式创建了独立的高等专业工艺美术教育机构——中央工艺美术学院。而在此次全国高等院校调整方针的指导下美术院校也进行了合并，将中央美术学院华东分院实用美术系并入中央美术学院实用美术系，进一步加强此专业的师资力量。❸同时，在教学思想和专业设置上秉承适应现代生活的"四点、三化"，即所谓"深入生活、学习传统、强调实践、重视理论"的四点，和"工业化、日用化、大众化"的三化。❹庞薰琹副院长在中央工艺美术学院成立典礼上阐述了其培养目标，他说："工艺美术学院所培养的学生应是具有一定马列主义思想水平和艺术修养，掌握工艺美术的创作设计及生产知识与技能，全心全意为社会主义服务的专门人才。"❺学院的创立对当时工艺美术发展产生了重要的影响。工艺美术教育经过整顿与改造，从此进入一个新的发展阶段，一批美术院校相继开设工艺美术系科，规模逐渐壮大，如西安美术专科学校（1957）、浙江美术学院（1958）、广州美术学院（1958）、河北美术学院（1959）等增设了工艺美术系；南京艺术学院（1958）、山东艺术学院（1958）、湖北艺术学院（1959）等增设工艺美术专业。❻同时，专业与系科设置越来越细致，形成了与生产销售（实践）联

❶ 毛礼锐，沈灌群. 中国教育通史第6卷 [M]. 济南：山东教育出版社，1988：103.
❷ 杨东平. 艰难的日出：中国现代教育的20世纪 [M]. 上海：上海文汇出版社，2003：122.
❸ 1949年10月中华人民共和国成立后，旧北平艺专与华北联合大学文艺学院美术系合并后组建为中央美术学院，首任院长徐悲鸿；并于1950年将原有的陶瓷科与图案科合并成为实用美术系，下设陶瓷、染织、印刷美术三科；并将中央美术学院华东分院实用美术系并入中央美术学院实用美术系，作为建立工艺美术学院的基础。1956年5月，国务院正式批准中央工艺美术学院成立，规定学院行政上归中央手工业管理局和中华全国手工业合作总社领导，业务上归文化部领导。同时任命中央手工业管理局局长邓洁兼任院长，雷圭元、庞薰琹任副院长。袁熙旸. 中国现代设计教育发展历程研究 [M]. 南京：东南大学出版社，2014：108
❹ 袁熙旸. 中国现代设计教育发展历程研究 [M]. 南京：东南大学出版社，2014：107.
❺ 文化部教育科技司. 中国高等艺术院校简史集 [M]. 杭州：浙江美术学院出版社，1991：120–122.
❻ 袁熙旸. 中国现代设计教育发展历程研究 [M]. 南京：东南大学出版社，2014：109.

系紧密的专业。逐步形成高等、中等专业与中等职业教育、业余教育并举的工艺美术教育体系。

工艺美术教育的调整是国家宏观教育政策调整使然，1961—1966年，工艺美术教育遵照中央教育工作会议提出的"调整、巩固、充实、提高"的八字方针，对"大跃进"时期的"左"倾错误进行及时调整，明确发展方向，合理安排教学。无锡轻工业学院（现更名为：江南大学）负责人认识到轻工日用品造型和包装设计的重要性和迫切性，于1960年首先创立产品造型美术设计专业。1961年，由文化部组织，并汇集各个高校一起修订教学方案，成为国家正式颁布的第一份关于工艺美术教学的指导性文件。❶而在之后发生的"文化大革命"使包括艺术设计教育在内的国家整体教育受到影响而停顿，直到1973年才逐渐恢复。总的来说，新中国成立30年，艺术设计教育事业在教学规范和教学质量上获得了长足的发展，并逐渐走上正轨。期间培养了一大批优秀的艺术设计人才，逐渐成为后来艺术设计教育发展的中坚力量。

（2）工业设计教育的崛起

其实早在1956年建立中央工艺美术学院时，对日用工业品造型设计专业的教育就已经开始起步。当时虽未专门设立此系，但是陶瓷系和建筑装饰系的学生都进行过这类设计训练，并为工厂设计了一批日用工业品，如灯具、钟表、炊具、电子产品和家用电器等。1964年将原建筑装饰系改为工业美术系，并设立了工业品造型专业，使日用工业品设计教育进一步体系化、明确化。1984年，中央工艺美术学院将1975年成立的工艺美术系更名为工业设计系，并创立了工业设计研究所，使其成为最具影响力的中国工业设计教育机构。

20世纪80年代初期，随着改革开放的不断深化和市场经济模式的初步建立，在西方现代设计思潮的影响下，工艺美术、工业美术加大向工业设计转型的步伐，中国的工业设计教育也呈现出风起云涌之势。各类综合院校陆续开设工业设计专业与课程，已有和正在筹建的共计80余所。此时期的美院中，在教学规模拓展、系科建设等方面以广州美术学院和山东工艺美术学院成绩最为显著。山东工艺美术学院经过8年建设，已具备4个本科专业（染织、装潢、工业造型、装饰艺术）、两个专科专业（环艺、服装）、1个研究所（民间工艺美术研究所）和8个实习车间。广州美院此时也达到7个专业、2个研究所和6个实习车间的发展水平。除美术学院外，还有无锡轻工业学院、湖南大学等工科院校成绩突出。早在1977年湖南大学就开始筹建工业设计专业，并在1982年成为被国家批准的第一所具有工业设计系的工科类大

❶ 袁熙旸. 中国现代设计教育发展历程研究 [M]. 南京：东南大学出版社，2014：114.

学。无锡轻工业学院1960年成立轻工业产品造型美术设计专业，1972年成立造型美术系，于1981年提出了名为"一转、两改、三步、四则"的教改方案。1985年正式建立工业设计系，1995年成立无锡轻工大学设计学院。❶与此同时，由于工业设计处在转型阶段，理论探讨和激烈的辩论始终伴随其发展的初期。

首先，此时期的国际交流，很多留学访问与学术活动频繁。如1983年9月，无锡轻工业学院聘请英国皇家设计学会顾问彼得·汤普逊（Pettr Thompson）讲学并举办面向全国兄弟院校的工业设计培训班。1992年10~12月，联合国科技开发总署推荐世界著名的设计家、国际工业设计协会前任主席、美国工业设计师协会主席阿瑟·普罗斯，日本筑波大学工业设计教授原田昭、日本人文学院院长吉冈道隆，英国OGLE公司首席设计顾问汤姆·卡瑞等人来到中国任教。这是改革开放以来中国规模最大的一次现代设计教育活动，对于推进中国现代艺术设计的发展产生了巨大的影响。❷其次，工业设计展览活动增多。既有本国的，如北京、上海等城市成立了"工业设计促进会"和中外合资工业设计机构，举办工业设计展览。还有国外艺术设计院校的展览。如1980年12月，香港大学设计学院在北京中央工艺美术学院办展览。1982年5月，美国哥伦布美术与设计学院作品在中央工艺美术学院展出。西方现代设计和后现代设计思潮迅速传入中国。

在此基础上，当时的轻工业部加大了促进工业设计发展的有关政策出台的力度与速度，提出要充分发挥工业设计在促进轻工企业技术进步中的作用，从抓产品的设计入手，上质量，增品种，显效益，实现企业由速度型向质量效益型、科技先导型和资源节约型的转变，并对工业设计进行大力的普及教育工作。并出台纲领性的文件，"加强轻工业设计工作的领导，增强职工的工业设计意识，建立和健全工业设计运行机制，加速培养工业设计人才，充分调动和发挥工业设计人员的聪明才智，推进轻工业企业的技术进步和产品的设计、创新、开发工作，以供各地轻工业主管部门和企事业单位试行"。

4.3　电气化阶段中英工业设计发展"量"变与"质"变的差异问题

4.3.1　英国工业设计发展的"量"变

工业文明和传统手工艺的冲突与共生是英国现代设计贯穿始终的主旋律。在艺术与手工艺运动的演进过程中，约翰·拉斯金、威廉·莫里斯和查尔斯·罗伯特·阿

❶ 袁熙旸. 中国现代设计教育发展历程研究 [M]. 南京：东南大学出版社,2014:178.

❷ 陈瑞林. 中国现代艺术设计史 [M]. 长沙：湖南科学技术出版社,2002:197.

什比作为领军人物发挥了至关重要的作用，其思想理论与实践形成了层层递进的"链形"历史结构，为之后英国现代设计发展奠定了思想基础。同时，在工业设计的不断冲击下，改良运动开展得如火如荼。进入20世纪以后，英国手工艺传统依然浓厚，于是，手工艺人开始在工业生产的历史进程中寻找设计的去路，在工业经济每况愈下的背景下出现了"设计制造师"的特殊形式，以及20世纪七八十年代流行于英国的"手工艺复兴运动"。英国工业设计师的组成很大一部分具有艺术和手工艺背景，他们成为英国现代设计的探索者。

经历了战争后的英国，其经济发展"走走停停"，到第二次世界大战后，工业化逐渐走向成熟和完善的阶段。以新科技成果为支撑的新兴产业和大众消费品生产部门的发展则增长迅速，随之而来的是工业设计发展进程的加快。同时，政府通过建立设计组织协会、开展设计活动、推广设计观念和提升大众审美品位，努力促进设计与工业的联系。1915年，设计与工业协会（Design and Industries Association，简称DIA）成立，其成员包括设计师、制造商和产品经销商。尽管协会的某些主张和艺术与手工艺运动一致，但却超越了手工艺生产方式，开始面向符合时代需求的机械化生产。1920年成立的工业艺术学会和之后1931年成立的艺术与工业设计委员会，都是英国政府为促进本国工业艺术的发展而采取的推进措施。到70年代，其业务范围逐渐扩大，不仅涉及工业产品，还扩宽到工程与生产资料方面。1972年，该机构正式改名为英国设计委员会，自此其关注领域由开始时的各类消费品设计不断延伸至涉及工程、大型机械，以及公共设施、环境等更加广阔的范畴。在工业设计委员会的影响下，大众视觉能力与设计意识普遍提高，英国对设计的关注度也越来越强。同时，独立设计师小组，如设计研究组（Design Research Unit）和工业设计师联盟（Allied Industrial Designers）也从各方面努力，使大众、制造商、销售商坚信"优良设计"所带来的益处，以及设计已经成为国家文化的组成部分。"英国能做到"和"英国的盛会"是继1851年万国工业博览会后两次大规模全国性展览，展览分别设在1946年和1951年，以战争和重建为主题，内容涵盖了英国制造业所有产品的范畴。对进一步增强大众对工业设计的认识，树立新的消费形式，以及培养较高的审美品位起到了积极的推动作用。

此时期，英国在现代化产品设计方面的进步也是不容忽视的。家具设计方面，在战时"实用家具"对新材料的实验保持了下来，并在此基础上进行创新。实用家具是战争时期英国为了应对资源和劳动力短缺而对家具生产标准进行严格控制的措施，而后这种风格一直持续到20世纪50年代。设计师杰拉尔德·萨默斯（Gerald Summers）将胶合板材料应用在家具设计中，他设计的手扶椅和餐桌实用、耐用和美观，成为30年代英国现代家居设计的里程碑。厄尔尼斯特·雷斯（Ernest Race）设计的BA椅从战争时期的航空工业得到灵感，巧妙地将印模铸铝、胶合板和橡胶结合而成椅子的框架，配以软面布料，从而削弱了现代金属给人的疏远感。同时，战时军用工业技术逐渐普及并应用于民用工业中，汽车工业方面有了相应的发展，逐渐开始引入生产线和打造设计品牌。1929年伦敦举办的车展，共有57家车体制造商的设计师向公众展示了其设计方案❶。威廉·里昂斯（William Lyons）创建的捷豹（Jaguar）汽车公司，其前身SS（Swallow Sidecars）于20世纪20年代创立，该公司在1933年就推出了系列运动型汽车，之后在50~60年代，由于消费方式的转变，公司设计的车型也从赛车向消费车型转变。另一家汽车制造商路虎（Rover）公司，成立于1877年考文垂，1904年推出了其生产的第一辆汽车，到20世纪40年代开始拓宽中层消费市场，尝试品牌越野车的设计，于1948年推出越野车和首款跑车并出口海外。汽车工业的发展是英国工业设计发展的一个缩影，体现了英国制造业在国际市场的竞争环境下，逐渐对设计重视的一面。此外，还有摩根（Morgan）公司、阿斯顿·马丁（Aston Martin）公司和名爵（MG）公司等汽车制造品牌。

　　20世纪50~70年代，文化和消费方式的转变对英国设计产生了显著的影响。"福利国家"的政策使民众的生活有所改善，收入普遍增高，对消费品的购买力也随之增强。同时，科技的进步使越来越多的新式产品不断涌现，各种家用电器，如咖啡机、电冰箱、吸尘器等。此时期，优秀的产品设计，如汉姆·托马森（Graham Thomson）为罗斯电子消费公司（Ross Consumer Electronics）设计的收音机，保罗·普利斯特曼（Paul Priestman）1990年为Belling公司设计的烤箱。❷以及盖比·施瑞博（Gabby Shi Ruibo）、大卫·哈门-鲍威尔（David Harman-Powell）和马丁·洛兰兹（Martyn Rowlands）等设计师对塑料材料的绝佳运用，赋予了产品新的形态。并且，他们中的绝大多数毕业于皇家艺术学院。此阶段，随着英国工业化、现代化的不断深入发展，设计教育也与国家整个社会融为一体，经历了百年的发展历程。无论是教育观念、教育制度、教育价值、教育目标、教育结构、教育内容和方法等方面都发生了整体的变革，已经形成了相对完善的教育体系，培养出许多优秀的设计师。

4.3.2　中国工业设计发展的"质"变

　　新中国建立以后，中国的现代设计进入一个自觉的建设性阶段。无论是政府、

❶ 王敏.西方工业设计史[M].重庆:重庆大学出版社,2013:72.
❷ 王敏.西方工业设计史[M].重庆:重庆大学出版社,2013:138.

设计教育者、还是生产制造企业，对国民经济发展中设计重要性的认识都发生了质的转变。而工业设计取代工艺美术作为新时期设计的代名词，不是传统手工艺文化的延续，而恰恰是对传统的否定和扬弃，已经具备了崭新的观念。工业设计伴随着新中国工业化进程的不断推进而发展，受到来自政治、经济、文化等各方面因素的影响。设计与经济具有不可分割的关系，在经济形态转变的过程中，设计的本质和作用都发生相应的变化，可以说，设计的转型也以经济的转型为途径和手段。在计划经济向市场经济转变的催化作用下，设计本质和作用也由以生产为导向转为以消费为导向。

计划经济是在特殊时期，国家集中有限的资金、物资和技术力量投入到工业生产建设中，目的是更快地建立起较为完整的、独立自主的国民经济体系。虽然，计划经济促进了国家经济的迅速复苏，为工艺美术发展奠定了物质基础，但是由于其高度集中和封闭，生产、流通和行政上条块分割的限制，一方面造成环节过多、流通不畅、产需脱节。另一方面，由于工业结构过分偏向重工业的发展，造成了轻、重工业的比例严重失调，经济管理过于严格，国家把控供需计划，造成产品供不应求，制造厂家对设计不重视。加上所有日用品统一生产，使产品本身的设计与开发严重不足，品种单调，且多年不变。计划产品中创造性工作主要由"实用艺术"或"工艺美术"来完成，工业日用品设计多着重于产品外观的形式美化和图案装饰，忽略造型与功能、结构的有效结合。工业设计人员缺乏，且地位不高，同时对于工业设计的认识存在一定的误区，导致实施起来困难，因此，此时期属于尝试与摸索的阶段。

然而，改革开放，使中国社会进入一个经济规模快速增长、经济体制急剧变革的阶段。市场日趋繁荣，伴随这一历程，工业设计也经历了历史性的变革，开始由工艺美术向工业设计的转型。国家为促进对外贸易的扩大，提升工业产品的市场竞争力，先后成立了中国包装技术协会，以改变中国产品包装落后的状况。并于1987年在北京创办中国工业设计协会，其成立对工业设计发展具有重大的推动意义。同时，中国的工业设计教育的发展也呈现出风起云涌之势。不仅数量增长，规模也日益扩大。工业设计教育得到社会的广泛认同，并且设计作为一种职业进入到实际运作的状态。企业开始意识到优良设计的重要性，在完成了设备、规模和技术改进的基础上，开始进入提高产品附加值和加强开发设计新产品的阶段。这一时期出现了一批产学结合的研究院，如万宝电器集团与广州大学合作成立的"广东万宝工业设计研究院"，以及以设计教师和设计师为主的设计事务所、设计中心和设计公司，如南方工业设计事务所、深圳蜻蜓设计公司和广州雷鸟产品设计中心。在此阶段，工业设计发展已经具备了相应的经济基础，当时得到国家、制造业主管部门，以及轻工业部对工业设计的政策扶持。这些政策的出台和实施，为设计教育的发展起到巨大的推动作用。同时，学界和设计组织机构对工业设计观念不遗余力的宣传和推广，为工业设计发展创造了必要的舆论环境，使工业设计概念日益深入人心。

因此，此阶段中国工业设计发展发生了质的飞跃，是传统的工艺美术向现代工业设计的蜕变，体现出改革开放经济发展的后发优势。起始阶段由于客观环境原因造成中国传统设计文化向现代设计转型的不彻底，而改革开放以来自上而下、从物质到精神的彻底变革带动工业设计快速发展。工业设计第一次真正意义地登上历史舞台，超越起始阶段的被动性、依附性，产生重新的自觉。

4.4 本章小结："质"与"量"的发展差异反映出的中国工业设计问题

中国工业设计在电气化阶段的发展，回应了前面所讲到的触发型可能带来的后发优势，在此阶段才逐渐显现出来。一方面，当代的工业化水平并不高，客观地评价，与初始阶段相比中国工业设计确实获得了迅猛的发展。而英国工业设计在某种意义上是机械化到电气化的延伸和扩展，更多的是一个循序渐进的积累过程。所以工业设计发展更多的是在自动化、轻量化、紧凑化方面的技术改进和创新，出现了类似于高技术风格的产品。但是中国却是瞬间由机械化设计过渡到电气化设计阶段，高技术风格一下风靡开来。可以说，是一个跨越式发展的过程。此时，中国工业设计基本追赶上了上百年的时间距离，其发展大概比英国晚几十年。然而，另一方面，中国工业设计的急促生长的背后却出现了一些问题，并在之后的发展中越来越突出。这个问题就在于我国的现代产业基础并不是循序渐进发展的，产业发展存在一定的断层，导致我们的工业设计缺乏一个充分展开的机械化设计阶段，基础相当薄弱，存在先天的根基不稳，工业设计水平以及作为工业设计发展基础的技术和工艺水平，不能够很好的支撑其后续发展。如果没有工艺和技术，再好的设计都无从谈起。因此，这两百多年的中国工业断代史，对于中国工业设计至今的发展是影响巨大的。

第**5**章
信息化阶段中英工业设计观念高低的差异

在经历了几百年工业化发展历程后，英国于20世纪下半期进入信息化阶段，此阶段是基于信息技术实现自动化生产为特征的时代。英国的国家整体机制和意识、产业的相关政策法规、制度文化、价值观以及教育体系发展到此已经相当成熟，为设计产业从工业化向信息化的成功转型和顺利过渡提供了保证。在这样的社会背景下，其工业设计活动的内涵也逐渐从服务于单一产品开发跃升为支持企业展开系统性和平台化产品创新。并且在经济转型的需求下积极应对，力求从国家、企业、教育各个层面推动工业设计健康发展。

中国改革开放40年实现了跨越式发展，追赶上英国工业化发展的步伐，缩短了差距。但其实进入信息化阶段与英国还存在着时间差。如今，我国正处在工业化中后期走向工业化后期的过渡阶段，刚刚与英国信息化阶段交汇，并预计在2020年初步完成向信息化的升级。在这样的历史境遇下，我国与西方发达国家的发展轨迹重叠，几乎站在同一起跑线上，面临着工业化和信息化的同时进行与融合发展。但不容乐观的是前一阶段的急促生长导致中国基础产业发展存在断层，工业设计缺乏一个充分展开的设计阶段而仓促进入下一阶段，基础相当薄弱，仍然处在价值链的中低端，总体设计意识、产业结构、资源结构尚处在初级过渡阶段。因此，需要借鉴和学习更需要时间去发展成熟。

5.1 信息化阶段英国工业设计的产业转移

进入20世纪80年代的后现代，英国转变发展方向，将重心由制造业转向服务业，目标发展设计创意产业，成为从工业经济向知识经济转移的先导国家。并把设计创新作为国家工业前途的根本，倡导设计促进经济发展，通过设计创新来提高国家竞争力。将其纳入国家整体发展战略之中，制定工业设计振兴政策，逐渐形成了比较完善和成熟的设计创新体系和设计服务产业。

5.1.1　信息化阶段英国工业设计的社会背景

5.1.1.1　经济发展概况

随着工业革命以来，资本主义生产方式的确定，全球逐渐被纳入世界商品生产体系之中，并且随着经济水平的转变，世界经济金融霸主地位从英国转向美国。首先，经济全球化继续向着纵深化的方向发展，与全球化经济几乎同时而来的区域经济集团化进程也在不断加速。其次，适应工业生产发展的新型的金融业不断成熟，并向着自由化的方向发展。再次，传统的工业生产制度逐渐向新的"知识经济"转型，以信息技术、信息产业为主体的"知识经济"已成为全球经济增长的重要源泉和新的增长点。[1] 伴随着新的科技革命的出现，全球产业结构再一次经历了调整和升级，全球经济体制也面临着巨大的变革和创新，不断有新的后进国家加入世界经济增长的进程中。新的经济增长点的出现，是传统工业处于成熟，甚至衰落时期的福音，为传统工业注入新的发展动力。几年时间内，诺基亚的国际市场也逐渐败落，为苹果、三星所占据。知识经济是当前各国寻求经济突破的着力点，谁能掌握知识经济的发展，谁就能够在新的经济角逐中占据有利地位。

5.1.1.2　产业结构及其特征

进入21世纪，尤其在经历2008—2012年金融危机和"欧债"危机后，英国经济保持了足够的强劲——"一枝独秀"，经济呈现出复苏之势。英国经济之所以能够复兴，一个重要原因正是其服务业率先复苏，由此带动了英国经济的增长。英国是仅次于美国的世界第二大服务业出口国，服务业在GDP中所占份额，要远远超过欧美其他发达国家。英国金融业遭受"欧债"危机打击严重，然而旅游、交通、商业服务、信息科技、教育和创意产业成为主要驱动力。[2] 在此之后，英国服务业发展迅猛。除服务业外，英国信息技术的发展，是其经济复苏，也是当前新的经济增长点，英国有力地把握住了这一点。在企业数量方面，在英国其他行业企业总数下滑的时候，信息经济的企业却呈现出不断增长的趋势，增加数量是下滑企业的总数。各信息企业的成立时间较长，大都在10年以上，这样除了有良好的技术和经验积累而外，不断扩大的规模，从业人口不断增加，2009—2012年增长了8%，远远超过了其他行业吸纳就业人口的数量，总人数占英国就业劳动力的5%。

5.1.1.3　产业发展趋势

"计算机是当年的蒸汽机"。[3] 进入信息时代的工业设计，面对的是信息时代出现

---

❶ 姜跃春. 世界经济发展趋势与中国 [J]. 国际经济问题研究,2004(6):65.

❷ 杨芳. 英国经济 "一枝独秀" 的原因及其走势 [J]. 现代国际关系,2015(2):37.

❸ 吴良镛. 世纪之交的凝思:建筑学的未来 [M]. 北京:清华大学出版社,1999:42.

的新问题，首先，人的需求逐渐从物质性的使用向精神性的交流层面过渡；其次，由于信息技术的发展，人们将更多地依赖数字媒体进行沟通与交流。❶数字媒体作为一种中介，逐渐成为当代社会获取外界信息、与外界交流的重要途径。对于信息的传递是否准确，需要借助于全新的设计系统进行分析，这就对传统的大工业时代背景下的设计模式、设计实现能力和设计方法提出了挑战，以数字媒体为基础的平台，成为新时代背景下工业设计研究的主要发展方向。

信息社会已经转变了工业社会以机器和资本为中心的模式，成为以信息和传递的媒介为主导的社会。设计师要将计算机、网络、移动媒体和信息作为其工作平台，对其进行整合设计和开发，改变传统的设计思路和模式，以适应新的社会发展需求。信息社会中，经济基础的重心从土地、资金和能源等要素转移到信息、知识这些要素上。❷信息时代的设计，更加注重对信息媒介使用者的关注和需求的满足，信息本身就具有过程性的特征，旨在人与信息之间建立联系，并进行信息交流。交互性是信息社会带来的另外一个特征，信息只有在交互性的流动空间中，才能为使用者获取，并做出基于自身的信息反馈。信息的主体间性，研究主题即一个主体与另外一个主体间的相互作用。在前工业化时代，设计师（工匠）针对的是具体的个人，工匠需要运用自身的经验，并随着材料的不同而改变。工业社会中，设计师面对的是规模性的消费者，产品的购买者和设计者没有交流的机会，对产品的设计遵循着工业社会中的"标准化"原则，大规模的批量化生产，过程中要求保证严格的精确化，尤其表现在工业品零件的生产方面。

信息时代的来临，对工业设计提出了全新的要求。后工业化时代，即所谓的信息时代，呈现出的主体特征，更加具有个性化，尼葛洛庞帝认为，后信息时代大众传播的受众是单独一人，所有的商品都可以订购，信息变得极端个人化。❸设计者面临的设计对象也发生了变化，具有虚拟性和数字性特征，是一个由符号、模型支配的信息平台。信息设计的空间环境也发生了变化，客观上反映了参与者现实生活中的需求和价值观，然而全新的信息环境是一个虚拟的空间，形成了适应其自身发展的规则和行为。与传统的设计相区别，信息社会更具有一种过程性的特征，而不是仅仅满足于最终设计的物质形态，因为信息本身处于流动的、共享的状态之中。对最终信息接收者的关注，对设计者提出一个新的要求是，关注产品使用者的情感。传统设计理念的可用性和易用性，依然是考虑的因素，但感性体验逐渐成为设计者

❶ 王明旨. 工业设计概论 [M]. 北京：高等教育出版社，2007：170.

❷ 王明旨. 工业设计概论 [M]. 北京：高等教育出版社，2007：172.

❸ 尼古拉·尼葛洛庞帝. 数字化生产 [M]. 胡泳，等，译. 长沙：湖南出版社，1996：192.

关注的焦点，使用者对产品的选择往往是理性和感性的结合体。

信息时代的来临，创意文化产业的兴起，对工业设计的内涵做了更确切的界定，创意文化设计本身推崇创造力，强调文化艺术对经济的支持与推动。设计是一个综合体，将设计运用到文化产业的设计当中，目的是利用设计所独具的把握市场经济规律的特质，使文化中携带的信息得到更好的传播和推广，在这个过程中充分体现了设计将文化物质化的功能，是一个对文化的重构和再设计。设计不仅仅包括外在的物质形态、风格和工艺，而且其内在包含了历史、文化和风俗等多种因素。将文化因素运用到品牌的设计之中，是一种最具表现力的文化设计方案。文化品牌本身独具号召力和影响力，能够起到文化传递的社会功能，同时其经济功能也得以实现。对于创意文化设计而言，设计是其将文化和商业完美融合的有效途径，如何实现两者的结合，是设计者要考虑的首要问题。各类文化具有不同的文化内容，直接将文化意象进行简单的应用，显然并不能实现文化的商业价值，这个时候，创意就显得尤为重要。消费者对具有文化气息的产品消费观念，是一种更为感性的认识，不似先前设计者们仅仅观察到的功能性和实用性等方面。这就对设计提出了更高的要求，需要设计者将注意力从对"物"的关注转移到对"人"本身上来，关怀个体的人，这样的创意能力成为当今衡量设计成败的标准。

设计本身所具有的商业化倾向，是其进行物质化商品设计的终极目的。在市场经济条件下，选择购买何种商品的指标是什么，价格、功能愈来愈雷同，决定消费者选择的因素就是设计。工业设计本身逐渐成为众多知名企业的战略。工业设计的发展朝向艺术元素、情感元素、个性元素和绿色元素等多个方面。工业品的设计起初均以实用性为重心，对其艺术性忽略不计。同质的工业品生产不断增加，相互间的竞争越来越激烈，艺术设计元素便成为商品取胜的关键。情感的设计是设计者通过将人类特有的某种情感赋予物质产品中得以实现的，消费者购买物质形态的产品后，需要解读其中所蕴藏的情感，脱离了早期实用主义占主导的理念。个性化的元素，是未来设计发展的重要趋势之一，目前已经初露端倪。行业竞争激烈，市场不断细分，对产品进行个性化的设计，是提升产品竞争力的重要保证，在个性化趋势下发展而来的是定制化的商业发展策略。个性化就意味着产品的设计可能只为某些少数群体或组织使用和购买，这就要求设计者能够依据市场的需求做定制的个性化设计。以上这些设计元素，反映的是设计者在设计过程中对产品终端使用者的关注，不再是单纯以设计者本人的价值观念为产品设计理念的唯一来源，设计者不再从自身出发对消费者的需求进行揣度，实质上也反映出设计的多元化趋势，针对社会不同群体、不同阶层和不同消费需求的人进行独特的设计规划。

21世纪的市场竞争已经从产品竞争到品牌竞争，并走向了服务竞争，商业模式正发生质的变化：由"产品是利润来源""服务是为销售产品"向"产品（包括物质产品和非物质产品）是提供服务的平台""服务是获取利润的主要来源"等方向转变。❶在这样的内容和目标设计理念指导下，用户处于设计过程中的中心，服务设计目的在于满足终端用户的需求，设计中要包括多个领域和部门间的合作和互动，如零售、通信、交通和科技等。

　　兴起于20世纪80年代的绿色元素是人类对工业文明所导致的环境和生态问题的反思，体现的是设计者道德和社会责任感的回归。将环保性作为设计的目标和出发点，力求把物质化产品对环境破坏力降到最低，减少物质和能源的消耗，这些是符合人类生存宗旨的工业设计理念，符合当前对经济的可持续发展的要求，最常见的是用人造的材料替代已有的天然材料，2007年4月，世界知识产权组织（WIPO）发表的《绿色设计——从摇篮到摇篮》指出：可持续发展是当代设计的重点。在生态哲学指导下，可持续性设计要求把设计行为纳入"人—机—环境"系统。一方面，实现社会价值；另一方面，保护自然价值，从而达到人与自然的共同繁荣。❷

　　工业设计产品投射出来是一种社会心理状态。然而，传统的奢侈品已无法传递给使用者持续的富足感，看似奢华的设计背后实则缺乏内涵，太过重视"第一印象"。由于产品的更新迭代速度不断加快，产品设计只能更加具备简易性才能为更多的群体所接受，理性化的设计趋势逐渐成为主流。设计本身承担的是为社会服务的职责，是在原材料的基础上增加产品的附加值，通常经过精心设计的产品价格都会翻倍。在以往的设计过程中，很少有为设计企业考虑，从设计的过程中降低生产成本。2011年，萨瓦纳艺术设计学院的服务设计教授劳勃·巴（Robert Bau）指出，降低生产成本是一种生产战略，即通过设计提高产品生产过程的生产率、方便性以及时间利用率，从而减少生产成本，因此，为低价而设计要求通过设计来减少产品生命周期中不必要的工作。❸

　　技术的迅猛发展实质上为设计提供了新的契机，设计过程中也不断适应新技术，利用新的技术为设计本身服务、加码。计算机技术的应用，改变了传统工业设计的手段、程式和方法，设计者需要改变原有的实物设计思维，适应网络环境下虚拟的设计形式。"非物质设计"被越来越多地提及，在网络的虚拟空间中，设计者需要根据虚拟平台下用户的个人体验做出调整。信息技术的发展所带来的另一个变化是用

❶ 占炜等.工业设计概论[M].武汉:华中科技大学出版社,2013:194.
❷ 王晓红,于炜,张立群.中国工业设计发展报告2014[M].北京:社会科学文献出版社,2014:25.
❸ 王晓红,于炜,张立群.中国工业设计发展报告2014[M].北京:社会科学文献出版社,2014:27.

户能够对设计本身做出实时的反馈，是一种交互性的体验设计新理念。在这种设计语境下，设计者需要不断跟随使用者的需求变化做出实时调整。

设计与生俱来的文化因素，使得设计在物质化的过程中，通常带有特有文化的痕迹，而某一类物质形态的产品或者品牌为消费者所熟知，往往也和商品中所蕴含的文化有关联。而文化的民族性和本土性的体现，使得设计更具多样性和丰富性。设计中所蕴含的本土化特色，是设计独特性卖点。全球化过程中，设计理念和风格的雷同，完全没有风格差异的设计，使得人在社会中有"迷失""失落"的情绪，而地域文化的特殊性，恰好能够弥补此类缺失。这样一来，产品的内涵也变得多样化，若能将地域文化特质赋予到产品之中，使产品更具表现力，也就能实现设计对社会文化的传播功能。

在当前的经济消费社会，人们在追寻时尚、前卫文化的同时拥有对带有时代印记物品的特殊情感。复古潮流和时尚的潮流，往往并存，相互之间得以映衬。利用现代的科技，可以对以往的物质产品进行重新设计和生产。这样的设计方式，往往能够赋予原有的产品以不同的、新鲜的社会内涵，给予现代人对以往文化不同的体验，同时也是对过往文化的记录和保存。

5.1.2　英国当代工业设计发展模式

设计追求创新，加之创意产业开发的影响，欧洲设计领域，包括英国在内，都倾向于紧跟时代潮流，设计力求新颖、独特，同时保留其原有的理性化和功能主义的独特性。英国是欧洲社会中注重设计的代表国家之一，早在20世纪80年代，英国就利用现代传播媒体对设计进行重点的鼓励和宣传，内容包括设计的观念和产品的设计者，对其中的设计也多加赞誉。

5.1.2.1　国家层面

英国设计产业的发展得益于政府的直接扶持，同时也离不开设计委员会在设计领域起到的重要的推广作用。不同于欧洲的其他国家，英国政府为设计工作的推进组织建立专职机构，制定相应的政策措施。早在"一战"期间，英国政府就已将设计纳入其工作框架之中，不仅大力扶持设计行业的全面发展，对设计教育也给予了高度的关注。表现在借助国家扶持性政策，推动和完善整个设计教育体系的发展，构建多层次、全方面地培养体系，本硕博全覆盖式地打造培育机制，为设计领域积蓄了丰富的人才，使英国工业设计具备良好的基础，这也是英国设计发展一直走在世界前列的内在原因。

英国的艺术与工业委员会（The British Parliamentary Commission on Art and

Industry）即英国设计委员会前身，第一次明确地将工业设计描述成一个具有意义的，不依附于其他而独立存在的活动，以此精神为指导，国家艺术培训学校（National Art Training School）也就是如今皇家艺术学院（Royal College of Art）在1837年组织建立。针对产业和艺术的关系，第一届伦敦博览会也作了相关的研究与讨论。❶ 英国工业设计协会是一所不以盈利为目标且独立的组织，它成立于20世纪"二战"末期。在全国设计创新工作推动、政策推行、教育、商业等领域具有不可或缺的作用。从其成立至今，英国工业设计委员会结合本国与全球经济和生产力发展的需要，对应制定了有效的调节性策略。进入1959年以后，工业设计委员会负责人Paul Reilly为了加强工程和技术设计，将其引入到设计组织中。在随后的1970年，工业设计委员会变更名称以"设计委员会"代替。而自1977年起，设计委员会负责人Keith Grant认为组织的对外公开程度过低，不透明，需要大力推进设计意识与视觉素养的培训。❷ 1994年，设计委员会在成立50周年时发表《未来设计委员会》（The Future Design Council，1994）的报告，并将机构重组为设计政策、研究、设计实践、交流和教育5个相关职能部门。核心目标是："传递世界最佳的设计信息，通过研究构建一个更为有效的知识平台。鼓励设计战略的实施以及与其他学科的整合，以支持设计的创新。通过对设计的贡献、价值和有效性的示范，传达为什么设计处于决策的核心地位。促进设计教育和培训的发展，即最为宽泛的意义上的设计与教育的一体化。"❸

进入1980年后，英国经济发展水平步入世界主要发达国家前列，经济的高度自由带来了新的活力，使得消费者形成了更为丰富与自由的观念，部分中产阶级已经摆脱了单一的物质消费追求，更多地把设计消费作为其提升生活品质的一个方式，促使设计的快速发展以及对应商业的发展壮大。同时，商业与设计的产业化发展提升了设计人员的社会地位和价值，对于普通大众而言，设计逐渐成为生活中的重要组成部分。在商业价值和公众生活观念中设计皆得到相当的认可，成为人们突显社会档次、划分消费人群、提升生活品质的重要参考。"设计文化"已经深深地融入社会文化中，并且作为可以用价值衡量的商品。❹

进入21世纪，设计委员会对资源进行全方位、多层次和立体化的协调和整合，继续影响着英国设计公共政策的发展方向。由过去单一的自然资源整合转变为将整个国家的文化、经济乃至政治发展资源都考虑在内的统一整合，从协调自然与人类

❶ 刘曦卉.英国设计产业发展路径 [J].设计艺术,2012(2):45.
❷ 王晓红,于炜,张立群.中国工业设计发展报告2014[M].北京:社会科学文献出版社,2014:386.
❸ Charlotte Benton. The Future Design Council by John Sorrell[J]. Journal of Design History, 1994(7): 310–311.
❹ 王晓红,于炜,张立群.中国工业设计发展报告2014[M].北京:社会科学文献出版社,2014:387.

社会关系到对个人、组织、行业或者利益的协调。英国设计委员会的功绩是史无前例的，自最初的设计到企业，从公共政策至普通大众，从设计到商业之间的连续运转路径。英国设计委员会还每年调配一部分设计毕业生进入中小型设计企业实践、学习，对公司、企业实际面临的困境使用具体的案例研究进行详细分析，以咨询和报告的方式给予其针对性的解决方案。同时，设计协会在更新制造业生产线、拓展市场和新产品开发等方面都积极参与。协会的管理组织以区域自治的形式进行，将高价值的信息与服务提供给设计者和企业管理决策者。设计委员会于2003年通过"设计需求（Designing Demand）"计划案，进一步提高中小企业设计普及度，以及通过此计划方案对企业进行更新和再造。❶取代《设计》杂志建立起来的设计资源数据库，是世界上最先进的设计资源数据库（Design Fact finder），提供英国设计产业的各式信息，不仅包括文字信息，同时提供相关的设计产业的广播下载。2007年英国设计委员会对设计资源数据库价值的调查研究发现，通过该信息平台的使用能够有效提高企业在设计方面的运用能力，能够比竞争对手拥有更好地利用设计的价值优势，同时，能够从众多的案例统计分析中发现自身设计中存在的问题，以此来改进本身的设计发展。

当然，英国在此方面不仅限于设计委员会，还有如著名的皇家特许设计师协会（Chartered Society of Designers）等一系列其他类型的设计协会。成立于1930年的工业艺术家协会是皇家特许设计师协会CSD的前身，在设计组织中其规模较大已发展至今的7000多名成员，他们来自设计行业各个领域。该组织已由英国皇家授予特许权，设计师具有相当高的专业水平，并且通过严格的审核。

此外，首相布莱尔更是在1997年担任首相期间成立创意产业特别工作小组，将创意产业提升为国家战略规划之一，同时将其作为国家的产业政策，并曾多次为知名的品牌代言。在政府和工业设计协会的带动下，英国的设计企业具有很好的发展平台，不仅企业本身发展态势良好，同时也为其他设计企业提供借鉴和经验。康兰（The Conran Design Group）是英国工业设计公司中最具影响力的室内设计集团，主要致力于商业室内和企业形象设计，"高街风格"（High Street）是其成功作品的代表，其独特的设计风格不仅奠定了其在英国国内的领先地位，也在国际社会上享有盛誉。Pentagram公司也是英国驰名的设计公司之一，主要设计领域涉及环境设计和平面设计，曾为建伍电器公司设计家电产品、为尼桑公司设计标志等。欧构（Ogle）设计公司是一个致力于汽车设计的公司，包括对小汽车和大型集装箱运输车的设计，

同时也包括小型飞机和室内装修领域。此外，英国的广告公司如WPP、Saatchi & Saatchi，都是具有极强国际影响力的设计公司。当前，英国伦敦有着最优秀的设计师和设计企业，已经构成了英国特殊文化的重要元素，吸引着全球各地的设计人员慕名而至。21世纪初的伦敦，整个国民生产总值的1/10由与设计相关的产品和服务产生。企业对设计的认可程度不断提升，企业对设计的重视，不仅能促进设计本身的发展，也带动其他企业纷纷效仿。

5.1.2.2　企业层面

设计产业（Design Industry）的相关概念最早由英国率先提出，与其相关的研究与实际应用在工业革命时代就出现了萌芽。自2000年以来英国设计产业化的道路表现出强劲的发展势头。并且已经形成欧洲最大的设计服务产业，工业设计提升产品价值和市场竞争力已经成为制造业人士的普遍共识。

更重要的是，英国早于20世纪30年代就确立了工业设计师注册制度。并且经过数年的发展到40年代逐步摒弃了过去驻场设计模式，在发展进步的过程中建立了其极具特色的运营与管理方式，如伦敦商学院成立了设计管理单位。20世纪80年代前后，在其他国家还如梦初醒之时，英国设计顾问公司已成功上市，开始了全球化的发展征程。此时期的服务客户已不仅仅局限于国内，包括欧洲、日本和美国在内的数10个国家都向英国购买设计服务。英国因此成为设计服务的最大出口国，获得了高额利润的回报，也确立了其工业设计中心的地位。调查数据显示，约有3/10的企业认为设计提升了其产业竞争力。在特定的历史时期下，英国适时调整，以出口导向型作为其拓展市场空间和未来发展的方向，且强化产业与设计的协作。当问及企业如何寻求设计，回答是65%寻找设计顾问，27%寻找大学以及17%通过企业相互协作。❶然而，随着英国制造业的下降，从事工业产品设计的人数，相比较于从事视觉传达、数字媒体、信息交互、环境、展示的设计师，仅占到了10%左右。❷由于缺乏相应的施展空间，很多本土的工业设计师在英国以外的世界知名产品制造企业从事设计工作。英国设计已从工业生产为基础的模式转变为以知识经济为基础的新模式。

5.1.2.3　教育层面

作为全球设计类院校最为集中的地区，伦敦不负盛名，共有190所院校在120个艺术与设计科目中设有学位和高等学历。伦敦商业学校于20世纪80年代组织建立了设计管理中心，有机地整合了实务、设计理念和商业三者。英国在设计方面取得的

❶ 汤重熹. 设计·企业·国家——英国的设计业与设计状况考察 [J]. 艺术生活, 2002(2) : 34.
❷ 王敏. 西方工业设计史 [M]. 重庆: 重庆大学出版社, 2013: 139.

成就是世界公认的，也是举世瞩目的，如沃尔沃、BMW、标志、马自达、雪铁龙等一系列知名汽车设计师均来自英国著名设计学院。赫赫有名的中央圣马丁艺术与设计学院由圣马丁艺术学校、中央艺术和工艺学校于1989年合并组建。在"二战"结束恢复生产后，英国开始慢慢认识到设计在贸易和商业中的重要作用，大力推行教育和设计的发展。在上述的设计学院中，其工业设计专业由来已久，是英国最早设置的工业产品专业。自20世纪40年代以来，该校毕业生交出了许多具有时代意义的设计作品，其中极负盛名的就有伦敦双层巴士（Douglas Scott）（图5-1）、首台笔记本电脑（Bill Moggeridge）（图5-2）以及iMac苹果工业设计组等（图5-3）。学校的设计教学注重与企业加强合作，如Absolut、SAMSUNG、Samsonite、ICI、Panasonic、Kodak、Proctor & Gamble、Liberty、Artek、Coca-Cola、Body Shop大型企业都与学校开展了广泛的合作项目，并且学校中聘请的相关教授都在行业中工作多年。学校坐落于伦敦，享有丰富的社会资源。本科阶段的工业设计学时通常为三年。第一年的任务是自我发展和探索，学生通过日常学习和观察进一步理解人、物、环境之间的

图5-1 Douglas Scott设计的伦敦双层巴士

图5-2 Bill Moggridge比尔·摩格理吉1979年设计出的第一台"贝壳式"笔记型电脑"Grid Compass"（至今仍是可携带电脑的主流外形）

图5-3 Jonathan Ive 1998年设计的iMac

关系,感受其中奥秘;同时,此阶段学生要参与进入设计工作室和生产制造厂等实践环境中,培养和锻炼自己的技术和创造能力。第二学年的主要任务是实践和整合,鼓励学生开始产品设计工作并有一定的成果产出。为了使学生对产品设计产业有一个深入、全面、立体的了解,学校会聘请资深行业专家进行讲学,他们切身的实践经历和案例是学生了解认知真正的设计市场的绝佳机会。第三学年以职业实践和自主项目为主,学生需要对应完成三个项目的设计工作,目的是充分利用前两年所积累的知识理论和核心技能对设计进行整合展现。之后进入下一个学期,在此期间学生获得客户项目,切身投入于真正的市场产品设计中,其过程自战略开始一直到产品覆盖了整个生命周期。对于硕士阶段的工业设计而言,其教学重心则放在综合知识和全局观的把握,此阶段的目标是培养出具有综合素养的设计人才。中央圣马丁艺术与设计学院的工业设计教学遵循两条原则:第一,设计乃一个过程,并非一件事。要将工业设计作为一个系统考虑,经过这样的训练,学生创造力、灵活度都有极大的提升。第二,设计以人为本。设计的出发点是为了满足用户所需。因此,设计师在设计产品之前必须对其受众心理和行为进行深入的了解和调研。❶

发展较快的高等教育越来越重视学科的交叉性,特别是设计与艺术、设计与科学的融合。为适应时代要求,需培养出技术成熟、全面发展的高水平设计师。英国于2011年在《英国设计委员会报告:忽视设计教育将影响国家竞争力》一文中特别指出,高校需要构建具有较高层次和水平的设计创新中心,为设计教学的开展准备必要的场所和完善的设施与设备。❷深厚的文化底蕴,使英国设计咨询服务公司在世界工业设计领域获得领导者的地位。英国拥有最出色的设计教育体系,早在1937年就创办了世界上首个设计学院。自2002—2004年,英国设计类学生数量的增长幅度达到了6%,而来自世界其他国家的学生的增长幅度则达到了32%,在2003~2004年,约有5万名学子选择了设计专业的相关课程。❸

然而,许多中小学教育仅仅把设计艺术视为一门艺术学科,未重视或忽略其潜在的价值,埋没了很多具有此方面天赋的学生的发展性与创造力。因此,设计委员会特别重视对于设计教育的推广和普及,专门推行一系列政策和工作进行改善。首先,推行相关的奖学金政策,意在激励大家。其次,进行教学材料的重新编写,以适应新时代教学要求。并特此出版《设计》等刊物激发学生的兴趣。除此之外,加强与企业的合作,设立鼓励创作的年度奖项。英国政府为艺术与设计教育承担了4/5

❶ 王晓红,于炜,张立群.中国工业设计发展报告2014[M].北京:社会科学文献出版社,2014:106.
❷ 杨柳.英国设计委托委员会报告:忽视设计教育将影响国家竞争力[J].中国文化报,2011(12):2.
❸ 徐凡.英国设计业发展及启示—基于制度和文化分析的视角[J].世界地理研究,2015(1):19.

的经费，而仅有 1/5 是来自于学生学费。❶英国设计委员会为化解中小型企业在承担自主设计时的顾虑，提供风险规避的设计策略研究。英国国家设计政策最为显著的特征之一就是和产业的高度结合。对于国家中小型企业的设计事务，政府组织建立了专职机构，借助设计年鉴的编制、建立网站及设计数据库等方式加快企业对行业研究、政策规定、市场所需和设计创新技术方面信息的了解。为了提高民众设计意识、普及设计的理念与价值，英国建立了世界首座国家设计博物馆。❷

1989 年，全球首座设计博物馆在英国伦敦诞生，前期在特伦斯·康兰的主持下举办了数个极具影响力的展览，后展品被移动至多克兰（Docklands）并正式更名为设计博物，即现在的伦敦设计博物馆的前身。博物馆中的优秀设计作品呈现了英国设计的成长历程。如此它将设计的创造性价值和设计思维在更广阔的范围传播。普及民众设计意识，通过优秀设计作品的出售提高消费水平，以设计创新带动经济发展。在英国，人们对设计认知不断深化，从传统的产品设计逐渐转型为服务设计，邀请受众参与关注设计体验，例如医用口罩的设计，考虑到实用与审美需求，加入民众对设计的参与，提高人们对设计的理解和热情。❸逐步繁荣的消费文化极大地促进了一系列文化活动事业的发展，自 2003 年起，英国创意设计产业每年举行盛大的年会，吸引了全球各地的设计者、企业和民众参与到设计节中，仅此活动就为英国增添了约 30 万游客，对于经济的发展促进作用不言而喻。❹ 自此之后，设计节每年都会举办一次，借此机会向全球展示伦敦的设计实力和魅力，为其他设计者的相互学习提供交流和借鉴的平台。

5.2　信息化阶段中国工业设计的产业转型

进入信息化阶段，世界经济的重心明显开始转移，逐渐从粗放型到集约型、从传统型到创新型、从工业经济向知识经济发展过渡。顺应这一发展趋势，作为工业经济之上的中国同样面临一个新的发展拐点。经济转型决定了设计需求的特点与内容，其内涵与外延因而也有所扩展，如何从制造到"智造"并逐渐形成我国自己的发展模式成为这一转型的目标，而在此过程中，创新是关键，两化融合是一个必经的过程。同时，需要国家、企业与教育合力，共同推动中国当代工业设计发展的转型升级。

❶ 李轶南. 它山之石：英国工业设计教育的启示 [J]. 东南大学学报，2008(9)：92.
❷ 王晓红，于炜，张立群. 中国工业设计发展报告 2014[M]. 北京：社会科学文献出版社，2014：57-58.
❸ 徐凡. 英国设计业发展及启示—基于制度和文化分析的视角 [J]. 世界地理研究，2015(1)：25.
❹ 徐凡. 英国设计业发展及启示—基于制度和文化分析的视角 [J]. 世界地理研究，2015(1)：26.

5.2.1　信息化阶段中国工业设计的社会背景

20世纪80年代初，中国引进了现代工业设计的概念，至今中国工业设计已经历了30多年的风风雨雨。无论是在国家政策、企业发展策略和工业设计教育等方面，都取得了极大的发展。在取得硕果的同时，中国当代工业设计业所处的环境也发生着巨大的改变。中国经济发展迅速，在世界经济中发挥着越来越重要的作用，迎来了知识经济时代。各大设计公司及大企业的设计部门在开放的竞争环境中获得了长足的发展，成为中国当代工业设计产业的"领头羊"。而工业设计产业也出现了低碳微熵设计、创新转型设计、公共共享服务设计和民生化设计等新趋势。工业设计的内涵与外延因而有所扩展，社会也逐渐认识到工业设计在产业转型升级中的价值。正是这种背景环境的变化孕育了中国当代工业设计的转型。

5.2.1.1　经济发展概况

中国作为经济大国也不可避免地深陷全球化的浪潮中，在经历着挑战和冲击的同时，迎接着转型和发展。"第三次工业革命"所带来的大数据、数字制造和人工智能等技术将深刻影响未来制造范式。中国与欧美发达国家同时经历着"第三次工业革命"，在其洗礼下技术结构、生产组织和生活方式将发生不断的变革。而中国则是同时经历着这两个经济时代，有其特殊性，这对当代工业设计提出了更高的要求。近年来，在对世界经济形势和国内经济现状准确把握的基础上，响应全球产业革命趋势，中国提出了"两化融合"（即信息化和工业化的融合）、战略性新型产业与产业转型升级等发展战略。特别是"两化融合"战略的提出，准确地反映了中国发展道路所体现的规律❶，以知识和技术为基础，将工业化和信息化同时推进。❷在此大背景下，信息技术日新月异，知识增长与传播的速度加快，经济与社会结构的重心也逐渐向信息知识空间转移。工业设计在这种变革中发挥着巨大的作用。

5.2.1.2　产业结构及其特征

社会经济的发展带来了国民经济体系的重大变革。政企分离、企业高度市场化、国际经济一体化和经营全球化，以及正在持续蔓延的国际金融危机等因素，促使我们社会各界越来越重视"工业设计"在整个国民经济体系中所起的作用和地位。❸杨振宁博士曾预言，21世纪将是工业设计的世纪，一个不重视工业设计的国家必将落后。工业设计并不能完全解决企业产品创新所遇到的问题，但一个企业的产品竞争力离开工业设计是不可想象的。正因为如此，中国工业设计在制造业中的应用越来

❶ 邹生.信息化十讲[M].北京:电子工业出版社,2009:69.

❷ 郭峰.工业化、信息化与经济现代化[J].经济评论,2002(3).

❸ 中国工业设计协会课题组.国内外工业设计发展趋势研究,2009:155.

越广泛，无论是在中国的外国知名设计公司，还是大企业内设计部门及独立设计公司都取得了较大的发展。

（1）在中国的外国知名设计公司

作为全球最大的消费市场，中国一向为外国知名设计公司所青睐。随着中国国内市场经济的稳步发展，越来越多的外国知名设计公司在中国这片土地上寻求发展的机遇。如青蛙设计公司（frog）是国际设计界最负盛名的设计公司之一，其创始于德国，而目前总部位于美国旧金山。青蛙设计公司的业务范围相当广泛，包括医疗保健、媒体、移动通信和软件等。其设计风格大胆、新颖、独特，深受市场的喜爱。如今，青蛙设计公司已成长为全球性的创意公司，分公司遍布全球12个城市，并于2007年在上海成立事务所。青蛙设计公司上海分公司的600多名员工分别来自32个不同的国家，有着多元的文化背景，这为理解不同国家的人对设计的需求提供了方便。"形式追随激情"是青蛙设计公司的设计哲学。其创始人强调："设计的目的是创造更为人性化的环境，我们的目标一直是设计主流产品和主流艺术。"[1]青蛙设计公司将这种理念用于一系列不同类型产品的设计，提升了工业设计这一行业的地位。它的优越性让其在中国市场占据优势，获得了中国消费者的青睐。再如，浩汉设计公司成立于1988年，其创始人为毕业于成功大学设计系的陈文龙。浩汉设计公司在成立之初大量引进日本的模型制作技术和意大利设计，为其设计开发能力奠定了基础。为了形成企业内部的创新环境，加强企业的创新能力，浩汉以意大利米兰为核心，成立实验团队，让分布于世界各地的设计师能实践自己的新想法。它更重视"设计系统"，这能使企业比其他对手更具竞争力。[2]由于浩汉设计公司对"设计系统"的重视，使其成为业界新的关注目标。浩汉设计公司早已开始了全球化的步伐，在全球有多个设计中心，遍及亚洲、欧洲、北美。近年来，浩汉设计公司陆续与中国大陆各大知名品牌合作开发产品，如华为、海信等引领国际潮流的通信产品。浩汉工业设计（上海）有限公司借助长江三角洲经济龙头上海的优势，依托其辐射经济作用，为客户提供更高质量的设计服务。

（2）大企业内设计部门

工业设计促进的主要对象是制造业企业，设计拉动型制造企业是当今世界企业的发展方向。如美国的苹果、日本的索尼和韩国的三星。在中国，"工业设计"已展现融入企业发展战略。目前，大型企业一般都建有"产品设计中心"，而具有行业领头地位的大型企业，更是表现出十分强势的"工业设计"发展势头。设计部门

❶ 董玉库.西方家具集成：一部风格、品牌、设计的历史 [M].天津：百花文艺出版，2012：426.
❷ 王效杰，占炜.工业设计—解析优秀个案 [M].北京：中国轻工业出版社，2010：255-256.

的作用和地位在不断地提升，其在企业内部所掌握的话语权也越来越大。长期处于低位的设计部，随着产品创新和战略定位等要求，成为企业的核心。在国内大、中型及知名品牌制造企业中，70%以上的企业相继在企业内部设立了专门的工业设计部门。联想公司是柳传志于1984年成立的个人科技产品有限公司，是全球最大的个人电脑厂商，产品领域覆盖范围极广。2000年，联想成立了自己的设计部门。"联想设计中心"作为第一家在IT产品开发中引入工业设计的设计中心，以用户需求为准绳，以工业设计为核心，坚持走创新产品之路。联想凭借创新的产品、先进的技术以及强大的战略政策，致力于打造最优秀的PC产品。设计中心的成员来自海内外，拥有多元文化背景。其成果丰厚，近年来荣获500多项专利，引领着设计行业的发展。正如柳传志所说："设计是联想的引擎"。设计中心的发展引领着联想走向新的高度。作为中国最具价值的品牌、全球大型家电第一品牌，海尔公司也极为注重设计，其产品设计和设计创新，成为中国民族工业的一面旗帜。合作开发路线是海尔的创新之路之一。海尔深感工业设计对企业发展的重要性，与当时世界最大的工业设计集团——日本GK设计集团达成合资协议，并成立当时国内第一家工业设计合资公司——海高设计公司（海尔创新设计中心）。海高设计公司由相关项目的设计部组成，对设计工作进行统一管理。其设计领域涉及家电、信息产品、消费类电子产品和住宅等。海高设计公司保持着与海尔每个部门的沟通，获得订单和各种资源，成为综合性很强的一个职能单位，也受到越来越多的重视。1996年，海尔推出的"小小神童"洗衣机，填补了小型智能洗衣机市场的空白。从2006年起，海尔产品屡获大奖，硕果累累。海高设计公司功不可没。目前海高设计公司已拥有多个不同国籍的优秀设计师，迈入了国际化设计公司的行列。随着品牌的不断国际化，"工业设计"特有的影响力左右着企业的未来。中国新生代企业对工业设计的重视是一种必然，工业设计部门成为高层的战略实施部门也是一种趋势。

（3）独立设计公司

随着信息化的发展，产业结构不断优化，产业分工日益细化，设计服务企业从传统行业中分离出来，形成了一个独立新兴产业——设计产业。随之而来的便是独立的设计公司的成立。设计事务所也不断成立，但发展缓慢。到20世纪90年代末，我国的工业设计才真正起步。深圳市浪尖工业产品造型设计有限公司（以下简称"浪尖"）即是其中的佼佼者。浪尖成立于1999年，一直致力于工业产品设计与研究。浪尖作为工业设计领域的新生力量，积极吸收国内外优秀的设计典范，在结合中国文化的基础上，综合现代时尚元素，通过设计赋予产品个性、价值与灵魂，达到物质与精神的融合。浪尖首次提出了"平衡"与"高效"的产品设计理念，培养一流的产品设计转化能力。1999年年底，浪尖开始与日本三洋、夏普合作，从事家电音响类产品的外观设计。2007年，成立了东莞市浪尖产品设计有限公司。2008年，浪尖机构相继成立了浪尖科技有限公司，进一步拓宽了浪尖机构的发展领域。浪尖先后与中兴、华为、联想、康佳等多家中外名企业作出多项成功设计案例。经过多年努力，浪尖已发展成为国内最具规模的工业设计公司，成为国内工业设计行业的"领头羊"，在国内外设计同行中享有盛誉。在中国，独立的设计企业作为新兴产业的重要组成部分，仍然处于成长阶段，在不久的将来，它将成为社会经济发展的支柱之一。

5.2.1.3 产业发展趋势

在这个信息爆炸的时代，高新科技快速发展，工业设计的地位、功能、手段等特征和内涵也随之发生着变化，呈现出全球化、异地化、品牌化和创新化等特征。不难看出以"可持续发展"为目的的绿色低碳设计及创新理念已成为当今与未来设计的主流趋势。在此基础上展望工业设计发展的趋势，主要体现在以下四个方面。

（1）低碳微熵设计趋势

工业文明的发展带来了自然资源的危机和生态的危机，资源浪费伴随着高污染，这终将导致人的危机。中国传统哲学强调"天人合一""和合共生"，注重人与自然的和谐统一。工业设计必须遵循"天人合一"的理念，在重视机械价值的同时，重视文化的价值。工业设计应以产品在开发过程中节省能源、降低消耗和保护环境等为目的。以往的工业设计大多强调产品品种的扩大，现在这个观念要发生转变。这也是我国在新形势下，产业升级换代的需要。这种转变强调绿色、健康的可持续性生态设计，是目前主流的设计理念。基于这种理念，对工业设计成果的评价将不再仅仅涉及单纯学科和技能，而要全面考量其以专业优势承担的相应社会责任、环境效益和哲学思考（包括伦理、道德、价值观念等）。❶设计理念召唤着设计师的绿色环保意识。2007年4月，世界知识产权组织发表的《绿色设计——从摇篮到摇篮》指出：可持续发展是当代设计的重点。可持续设计成为一种必然趋势，在未来，设计者需要承担更多的社会责任，为社会和谐与可持续发展设计更多充分体现人类与社会价值的产品，提供更多的服务。

（2）体现新技术的创新转型设计趋势

在信息时代的浪潮下，传统产品的机械设计生产模式开始转向了机电产品智能化、智能产品生命化、全球产品物联化甚至云端化，设计生产的程序将借助现代信

---

❶ 中国工业设计协会.中国工业设计年鉴2006[M].北京:知识产权出版社,2006:114.

息技术与数码制造技术等向即时修正、同步实现的扁平化方向迈进，而不再局限于传统串行或并行或逆向设计程序模式。❶这将极大地提高设计的效率，从而降低设计成本。高新技术为工业设计的发展开拓了途径，也改变着工业设计的观念、原理、方法和程序，改变着产品的功能、结构与形态，如车联网对交通运输产品设计的影响。未来产品的设计将实现"线"——传统流水线、"网"——互联网与物联网交互设计再到"云"——云终端系统产品设计的创新转型。

（3）加强公共共享的服务设计趋势

设计要为整个人类和长远未来服务。工业设计在建设服务型社会的大趋势下，必须致力于公共享受的服务设计，如小汽车与公共交通的关系。公共享受的服务设计，在保证绝大多数人能得到应有服务的同时，降低对物质资源高成本低效率的占有率。这种趋势反映了社会对经济性服务和信息化网络的依赖。加强公共享受的服务设计，扩大了设计的范围，增强了设计的功能和社会作用。

（4）民生化设计

同时对于普通民众而言，针对通货膨胀所带来的生活水平的不稳定，物美价廉的产品才是最切实的选择。故而，在两者综合考虑的基础上，贫富兼顾的民生化设计将成为一种趋势。奢华反映的是一种社会心理，在新时代下赋予了新的时尚诠释，追求简洁性、整体性，与细节上的精细追求形成鲜明对照。奢华在设计上体现在简洁、个性化和高科技三个方面，通过高科技材料体现产品的质感，结合经典与时尚，追求与众不同的设计风格。对于物美价廉的产品设计，传统上设计是用来增加产品的附加值的，而非以设计来降低产品的成本。为低价而设计并非不重质量，而是在保证质量的同时，通过精心的设计，减少成本，降低价格。其体现的是一种人文关怀、民生化趋势。为了适应趋势，设计者在设计的过程中要充分分析和衡量各社会阶层及群体，根据不同需求与偏好设计产品。

在知识信息化与全球化的大背景下，中国的工业设计经过20多年的积累，已经取得了一定成果，并呈现出了良好的发展势态。但中国的工业设计发展仍然不容乐观：产业整体竞争力较弱；工业设计创新体系基本没有形成；设计公司税负高、融资难、资金缺乏问题较为严重；设计人才缺乏，结构不合理，流动性较大；设计知识产权缺乏有效保护；工业设计服务体系尚未建立等。这些问题都是目前工业设计发展的障碍。因此，工业设计若想取得长足的发展，必须正视这些缺陷，并在综合内外发展形势的基础上，寻求可持续性发展策略。

❶ 王晓红,于炜,张立群.中国工业设计发展报告 2014[M].北京:社会科学文献出版社,2014:25.

5.2.2　中国当代工业设计发展模式

近年来，中国工业设计产业呈现出快速发展的态势。主要表现在产业规模持续扩大、企业设计创新意识逐步增强、工业设计涉及的业务领域不断拓宽、人力资源队伍迅速扩大、企业专利拥有量快速增加等方面。不仅如此，目前已经初步形成了环渤海、长三角和珠三角设计产业带，形成三足鼎立的格局。这些成果孕育着当代工业设计转型，推动着中国建设创新型社会的步伐。中国当代工业设计也在快速发展的道路上，逐渐形成了自己的发展模式。在这个模式中，国家、企业与教育必须三管齐下，互相促进，共同推动中国当代工业设计的发展。

5.2.2.1　国家层面

工业设计的发展离不开政府政策的支持，而工业设计政策与国家产业战略更是密切相关。自1990年以来，在出口型经济的拉动下，中国设计能力急速成长，但这个阶段的设计主要局限于产品造型与形式创造。中国作为"世界工厂""制造大国"越来越重视工业设计的作用，制定相关战略政策，致力于从中国制造到中国创造的转型。全国各地也相继发布了多项政策，把工业设计当作重点产业，以推进工业设计产业的发展。作为全国文化的中心，首都北京始终占据着设计和设计产业发展的领军地位。在市委、市政府的指导下，北京市科委自1992年起，以工业企业科技进步为落脚点，就发展设计服务业、促进企业设计创新等开展了20多年的工作。北京制订了第一个区域工业设计中长期发展规划——"北京'九五'工业设计发展计划和2010年中长期发展规划"。以此为政策指导，致力于构建产业发展平台、建立激励扶持机制、强化人才培养、扶持产业发展。此外，北京还建立了全国唯一的设计服务业促进机构——北京工业设计促进中心以及产业协会（北京工业设计促进会）。以设计资源协作理念的"北京DRC工业设计创意产业基地"，为全国独创，给其他地区工业设计的发展提供了借鉴。北京创办的中国创新设计"红星奖"，也是最具国际影响力的中国设计大奖，推动了设计人才的培养。北京不仅吸引了联想集团、三一重工等一批设计主导型企业的到来，还形成了具有国际影响力的设计产业集聚区群落，如798艺术区和尚八创意园等。现如今，设计服务行业已经成为北京市经济增长速度最快的领域之一。

中国政府对工业设计的重视还体现在工业设计奖项的设立方面。2001年，中国设立了工业设计方面的国家级奖项。之后此方面所开设的奖项数量不断增加，影响力也在不断扩大。与此同时，在中国轻工业联合会和中国产业发展促进会指导下，中国国际设计产业联盟成立。其开展了多项国家级、省市级设计产业研究工作，致力于提升中国设计产业的发展。[1]2014年，国家确定了推进文化创意和设计服务与相关产业融合发展的政策措施。这些政策措施为下一时期我国工业设计繁荣发展、提高整体创新能力奠定了基础。在国家政府的重视和支持下，我国工业设计的发展必将更上一层楼。

5.2.2.2 企业层面

中国是制造大国，工业设计所促进的主要对象是制造企业，设计企业的主力军就是设计型制造企业。在这些设计企业中，"工业设计"已逐渐融入企业发展战略之中。目前，大型企业一般都建有"产品设计中心"，而具有行业领头地位的大型企业，尤其表现出十分强烈的"工业设计"发展势头。设计部门的作用和地位在不断地提升，使其在企业内部所掌握的话语权也越来越大。长期处于低位的设计部，随着产品创新和战略定位等要求，成为企业的核心。在国内大中型及知名品牌制造企业中，70%以上的企业相继在企业内部设立了专门的工业设计部门。如联想集团于2000年成立了IT产品开发中第一家设计中心——"联想设计中心"；李宁体育用品有限公司建立了一个综合性设计部门，集品牌营销、研发、设计、制造、经销及零售业务于一体；上海家化的领导层把设计部门置于至关重要的位置，使其能够参与公司的一些决策，并能协调相关的资源。[2]企业内设计部门从原来单一的产品造型设计工作，逐渐转为具有系统整合能力的，融设计战略、设计研究及设计管理等领域为一体的综合性职能部门。国内大企业随着品牌的国际化，以"工业设计"特有的影响力左右着企业的未来。

随着信息化的发展，产业结构不断优化，产业分工日益细化，设计服务企业从传统行业中分离出来，形成了一个独立新兴产业——设计产业。随之而来的便是独立的工业设计公司的成立。工业设计公司所涵盖的业务面广，正朝着多元化、多层次的方向发展。与此同时，其经营模式也由从原来的单一性产品外观形态、形象设计，转为设计战略咨询、设计研究咨询，更加适应市场的需求。如"上海指南"工业设计公司的主要经营方向为国外设计服务市场，客户和首席设计师都来自国外，致力于打造具有国际交流能力的设计平台；北京"洛可可"设计公司成立于2004年，以工业设计和品牌设计为重中之重。设计公司的经营性质也渐渐向自主研发产品、营销产品的"全程自主型"企业转变，将设计自主研发和市场推广视为企业的核心能力。如北京致翔创新产品造型设计有限公司，与众多国际知名设计公司建立

---

❶ 王晓红,于炜,张立群.中国工业设计发展报告 2014[M].北京:社会科学文献出版社,2014:481.
❷ 朱焘.中国工业设计协会第四次全国会员代表大会工作报告.2009(12).

联盟合作关系，结合国际领先的设计理念。❶

因而，工业设计师的创新能力被极大地强化，个性化和多样化的工业设计能力得到重视。越来越多的企业为了立足于市场，求助于大学的工业设计系和社会上的工业设计公司所培养的设计人才。有些面向国际的大企业甚至在美国、欧洲、日本和香港等地区，斥巨资聘请著名工业设计师为之设计新产品。在工业设计师的帮助下，这些企业取得了丰硕的成果。如青岛海尔的高层主管每年投入数千万元用于工业设计，每年收获数百件创新设计，创新设计中的优秀作品则每年为企业带来数以亿计的利润。

企业方面，大企业的设计部门、独立的工业设计公司及工业设计师共同促进着企业工业设计的进步，成为当代工业设计发展模式中的一环。

5.2.2.3　教育层面

信息时代对工业设计师的才能提出了新的要求，与此相应的是设计教育的适应性调整。工业设计必须依靠工业设计教育所提供的知识和人才，工业设计教育也必须从工业设计市场的需求出发，以培养能够得到市场认可的人才。但事实远非如此，中国设计师在设计市场的专业创造是十分有限的。"❷中国设计师市场的创造潜力仍然没有发挥出来，这需要在进一步完善工业设计教育模式的基础上，探索出充分利用设计人才之路。

在物质、文化得到极大发展的今天，科技的发展和信息的流通，使得生产出满足人们需求的产品变得容易了。人们的消费观念发生了改变，开始重视精神需求的满足，因而对工业设计更加关注。近年来，优秀的企业早已发现了消费者的这种变化，即他们不再要求传统的物美价廉，在价格适宜的基础上，更多地追求形态新、风格美、技术完善、功能理想。这样一种社会消费取向的变化，进一步促使工业设计朝着适应市场需求的方向发展。在国家、企业和教育这三个层面的良性互动下，形成了中国当代工业设计发展的模式，促进着工业设计的转型和发展。

5.3　信息化阶段中英工业设计观念高低的差异问题

5.3.1　英国自觉的设计创意产业发展

20世纪70年代以来，英国制造业在国民经济中的比重下降，制造业人数在总就业人数中的比例下降，与之相应的变化是服务业产值和就业人数的比重大幅度上升，

❶ 中国工业设计协会课题组. 国内外工业设计发展趋势研究,2009:314.
❷ 何人可,周旭. 关于加强工业设计专业教学系统性的几点思考,2007 国际工业设计研讨会 [C]. 2007:57.

这种态势被学者称为"去工业化"。老牌资本主义国家传统制造业已经很难产生出新的生产力，对社会的国民生产总值的有效性贡献越来越小，导致其工业发展持续走下坡路，同时长期面临高通货膨胀、高失业率、低经济增长的压力。在这样的背景下，英国产业结构开始从以制造业为主转向以贸易、金融、商业服务、公共管理等第三产业，从劳动密集型变为资本密集型，技术提升，机械化和自动化程度提高，从而带动经济的短期复苏。

在这样的背景下，设计的产业化道路自2000年以来表现出强劲的发展势头，对经济起到了有力的推动作用。因此，设计产业被视为创新和提高生产力的一种措施和工具。设计的专业边界逐渐模糊，从传统的学科领域扩展到一个更宽泛的新的领域，如服务设计、创新、研究、技术、市场营销、品牌和策略、可持续性等。在过去的几十年，英国设计师数量上升至30万余人，注册的设计顾问公司达4千家之多。❶可以说，英国已经形成欧洲最大的设计服务产业，并成为仅次于其金融服务业的第二大产业。

进入21世纪，设计产业已经成为英国重要的经济支柱和核心产业。彻底改变过去以工业生产为基础的模式，转变为以知识经济为基础的新模式。经济的转型导致设计产业的演化，经济结构决定了设计需求的特点与内容，进一步支配了所需要的设计服务的特点与内容。英国由于制造业比重的缩小，产品原型设计及相关工程设计需求大量减少。而英国经济中的公共事业机构比例增长为设计创造出新的机会，如服务设计和策略设计。到2006年，英国服务业产值占总产值的73%，解决就业人数比例相较于20年前上升到总就业人数的80%。❷

英国设计产业的发展，离不开政府的支持。政府出台一些采购政策鼓励公共事业机构采购设计服务，同时建设一些基础设施来支持系统和流程的分发和分布。英国创意产业管理机构一直秉承扶持企业或独立设计工作者的宗旨，为其提供经营环境。并采取一系列的方法，培养创新人才，具体体现在：对产业从业人员进行技能培训；对企业财政提供支持，并对知识产权进行有效的保护，以及文化出口的扶持等方针，包括对设计创意产业的基础研究，发布相关数据研究报告，如《创意产业图录报告》《出口：我们隐藏的潜力》《估计创意产业经济学》等；英国政府还积极探索与其他国家间的交流合作，举办设计论坛，为设计产业从业者提供更广的交流平台；为帮助中小企业筹措资金，英国创意产业局为其提供风险投资的咨询评估，还专门出版指导手册帮助相关企业或个人申请投资和赞助。其中，英国科学技术及

❶ 中国工业设计协会课题组.国内外工业设计发展趋势研究,2009:57.
❷ 中国工业设计协会课题组.国内外工业设计发展趋势研究,2009:57.

艺术基金会（NESTA）和"创业投资计划"就是专门为创新设计筹措发展基金和投资的项目。英国政府还积极提升公众的设计创意意识和提高其参与度。一直以来，英国都是富有创新、推崇创意的国家，对各种创新理念、新技术和新市场都保持高度的敏感性，政府意识到公众创意生活的重要性，开放更多的博物馆、举办一系列展览，进行教育培训，如"千年穹会展中心""新世纪英国产品"展，为公众提供更多接触的机会，同时也奠定了设计创意产业的基础。此外，英国的设计教育也具有高度产业化的特点。在过去的几年中，到英国高等学院学习设计的外国留学生人数达到62000人，增加了12%。❶并且英国设计在政府相关部门、协会、教育机构和公众的共同支持和努力下得以顺利转型，创意产业迅速发展并成为英国经济繁荣的重要支柱。

5.3.2 中国工业设计价值链的慢速生存

改革开放以来，中国工业设计经历了30年的发展历程，特别是进入21世纪以后，国家对工业设计的重视度迅速提升，政府及相关部门为推动工业设计发展制定了相应的政策措施，并将其作为产业结构调整、产业升级和转变经济发展方式的重要工作内容。工业设计在技术创新、产品研发和市场战略等方面的作用越来越突出，成立了千余家工业设计公司，实践内容包含产品研发、企业战略等全方位的设计策划。工业设计在短短几十年的时间取得了一定成就，但是与英国的工业设计产业成熟化相比还相差甚远，工业设计仍然作为年轻的行业形态在工业或经济的外部循环，未能形成自觉的工业设计产业，处在整个工业产业链低端发展的层面。随着工业经济时代向知识经济时代的转型，国家在"十二五"规划纲要中也明确提出工业设计从外观设计向高端综合设计服务转变的要求，但从总体设计意识、产业结构和资源结构看，我们尚处在初级过渡阶段。而英国在经历了几百年的工业化历程后，国家的整体机制和意识已经完善和成熟，围绕设计产业的相关政策法规、制度文化和价值观产生了深刻的变革，保证了设计产业从工业化向信息化的成功转型和发展，工业设计创新活动逐渐从单纯的产品开发扩展到越来越多的高端服务业领域。

工业设计是文化创意产业与制造业结合的重要领域，制造业作为工业设计的主战场，其产业等级高低决定着工业设计产业发展。我国制造业工业化虽然在30年的时间里得到快速发展，经济出现后发优势，但制造业工业模式仍然是"加工制造型"，依靠引进、模仿、改良和产量来满足市场。没有自主的核心技术和产品研发，

---

❶ 蔡军.关于艺术与设计的思考[J].美术观察,1999(12):11.

依然停留在产业链低端生存。我们虽然是制造大国，但不是制造强国，要实现先进制造业仍然面临许多问题。

首先，制造业附加值偏低。当前，我国的制造业仍旧是粗放型增长方式，劳动生产率偏低，产业增长路径依然锁定在低附加值的要素投入型产业。制造业不能摆脱依靠资源和要素投入推动产能扩张的模式，成为制造业整体素质提升的障碍，从而加重企业对传统模式的依赖和转型升级的惰性，继续依赖以简单的产品规模扩张和劳动力低成本来谋求竞争优势。

其次，自主创新能力不足。自主创新能力不足，体现为产业基础薄弱，基础制造装备、关键原材料发展滞后，关键技术的自主产权缺乏，核心技术、关键工艺和设备过度依赖进口。由于缺乏可持续发展的核心技术和核心竞争力，我国制造业难以获得高附加值。

最后，我国制造业在国际分工格局中处于较低层次，接近产业链最低端，因此只能获得低附加值。并且产业布局不合理，制造业整体集中度较低，没有形成有效的产业集群以及产业配套体系。我国制造业企业规模普遍较小，产业组织集中度偏低，难以形成规模经济效应，这些都成为中国要实现先进制造业面临的种种障碍。

5.4　本章小结：中英工业设计观念高低的差异反映出的中国工业设计问题

从前文的差异比较可以看出，到信息化阶段英国设计观念已经发展的相当成熟，而中国还是一个处在发展中的观念，设计产业还比较年轻。20世纪中期以来，英国实施工业设计资源整合、制定设计促进政策、发展设计教育、促进设计与产业的紧密结合，同时，在经济转型的需求下积极应对，主动为设计创造新的机会，发展服务设计和策略设计等创意产业，这些成为探讨中国设计产业发展模式无法回避的经验。如今，我国正处在工业化中后期向工业化后期的过渡阶段，而工业化中后期与工业3.0的历史交汇，与英国的发展轨迹重叠，面临一个新的发展拐点。经济的转型决定了设计需求的特点与内容，如何从制造到"智造"，首先，两化融合是一个必经的过程。其次，创新是实现这一转型的关键。同时，中国在经历了一味快速生长后，需要反思经济实用主义，关注基础科研和综合性、系统性的解决方案。并且设计作为文化、艺术与科技交融的学科，更需要文化的积淀和时间的积累。因而，英国的发展经验对于中国工业设计转型发展具有重要的借鉴意义。

第**6**章

结论

6.1 基本结论

当今世界经济进入飞速发展的阶段，重心明显开始转移，逐渐从粗放型到集约型、从传统型到创新型、从工业经济向知识经济发展过渡，工业化取得了很大成就，工业设计活动从为企业开发单一产品跃升为服务于企业展开系统性和平台化产品创新的发展趋势。从行业状态来说，中国的工业设计产业还没有形成完整的社会型产业链，仍然存在着填补空缺、引进、模仿、制造、低价格、同质化的加工型现象。在参与全球市场竞争时，无自主知识产权的核心技术和产品的研发仍然是发展的屏障。同时，工业文化意识并没有在整个社会运行机制中积淀和成熟。而当前我国工业设计发展存在的诸多问题和各种弊端是与近现代工业设计发展的特殊性有关的，工业设计的现状和历史都可以从近现代"被动"引入工业的原始状态和"被动工业化"的进程中找到根源。

在过去的30年中，英国的设计产业也发生了显著地变化，工业设计发展同样经历了重要的转变。从工业化初期对机械化以及批量化生产的极度热情，对利润的盲目追求，过渡到了谨慎理性的计划和跨国扩张。从以机器为中心过渡到了以人为中心，并再次过渡到了以人与环境的和谐为中心。进入20世纪80年代的后现代时期，伴随着制造业下滑和总体经济中工业产能的下降，英国转变发展方向，将重心由制造业转向服务业，目标是发展设计创意产业，成为从工业经济向知识经济转移的先导国家。同时把设计创新作为国家工业前途的根本，倡导设计促进经济发展，以通过设计创新来提高国家竞争力。将其纳入国家整体发展战略之中，制定工业设计振兴政策，逐渐形成了比较完善和成熟的设计创新体系和设计服务产业。虽然英国此前工业设计发展并不顺利，但是其后发优势却使其和欧美国家并肩而居。

本书以史为鉴，针对不同时期同一阶段历史背景下，中英两国工业设计发展历程中所存在的差异作出了比较。通过追溯各自工业设计的发展历程，广泛考察其在肇始阶段、机械化阶段、电气化阶段、信息化阶段的设计实践活动，并对此作出比较分析。同时追寻工业设计在不同政治背景、经济模式、技术条件和文化环境下的生存状态，梳理出中国和英国近现代工业设计发展阶段的本质差异，找到两国各自关键问题的内在逻辑，进而探讨差异性对中国的启示。进而反思和追问当下中国经济产业转型工业设计的未来，以期通过差异比较能够给中国工业设计发展提供一个清晰的思路。本书主要以"启"（启始阶段的萌发）、"承"（文化的承继）、"转"（经济的转型）、"合"（适合性的发展）为研究思路对两国工业设计发展历程轨迹展开论述。

第一方面对中英两国工业设计起始阶段的自觉性差异问题作出比较和论证。书中首先分析了这一阶段英国工业设计萌芽初生的宏观语境。英国早在 17 世纪就完成了资产阶级革命，18 世纪开始工业化的初步启动，经历了漫长的积累性渐变之后，自发出现现代生产力的飞跃和社会关系决定性转变，成功地进行了工业革命。其工业化的原动力是内部孕育成长起来的，其产生与发展是平稳过渡和自觉生发，动力是内在的，既没有造成社会的断裂性大震荡，也没有遭遇外力造成的扭曲，从传统向现代的过渡具有渐进自发性。其次，对中国特殊时代历史背景加以介绍。中国的工业化启动发生在 19 世纪，从时间上与英国并不站在同一起跑线上。同时，近代中国最初的大机器工业是外来的、被动的，它是在外来异质文明的撞击下激发或移植引进的。通过对两国工业设计肇始阶段发展特点的比较，可以清晰地看到，由于中英两国工业化启动的历史条件和决定性因素不同，导致工业化发展模式各异，从而决定了以工业化为基础的工业设计在启始阶段就存在自觉性差异。

第二方面对中英两国在机械化进程中对待工业文化的态度差异问题进行比较。首先，对英国工业设计进一步展开的社会背景进行分析。在机械化进程阶段，随着工业革命的持续推进，工业化背后大量社会问题逐渐暴露无遗。英国对 19 世纪机械化、工业化飞速发展作出回应，出现了社会精英阶层自觉的"人文意识"觉醒，并通过制定合乎社会和审美需求的"设计原则"灌输给大众美的品味和价值追求，对工业设计进行人文主义"修正"。其次，相对应地对中国机械化阶段的宏观语境加以分析。由于西方赤裸裸的炮舰政策与强权政治，使中国在面对西方工业文化时产生了强烈的民族主义和民族意识，出现一种直接具体的防卫性抵抗。通过比较分析，从各自的文化中找到答案。英国式发展道路有其必要的社会历史条件，能够在英国形成，有其相当深刻的文化背景和社会思想根源。同样，中国工业设计发展与变革除外部客观环境的影响外，对于传统的惯性和固执、物质和精神的自给自足成为深植于中国内部的主要因素。

第三方面对中英两国工业设计发展在电气化阶段"质"变与"量"变的差异进行阐释。通过对中英两国此时期政治、经济、社会和文化背景的分析，比较电气化阶段工业设计发展中关键问题的内在逻辑。英国在经历了两次世界大战后，工业化逐渐走向成熟和完善。以新科技成果为支撑的新兴产业和大众消费品生产部门的发展则增长迅速，战争时期各种协会和组织活动层出不穷，设计教育也与国家整个社会融为一体，并形成了相对完善的教育体系。此阶段中国工业设计发展发生了质的飞跃，是传统的工艺美术向现代工业设计的蜕变，体现出改革开放经济发展的后发优势。起始阶段由于客观环境原因造成中国传统设计文化向现代设计转型得不彻底，改革开放以来，自上而下、从物质到精神的彻底变革带动工业设计快速发展。因此，本章就中英电气化发展阶段下工业设计形态演变进行重点阐释，通过对比分析找到各自成长与发展历程中的优势和劣势。

第四方面对信息化阶段中英两国工业设计观念高低的差异进行分析。进入信息化阶段，世界经济的重心开始明显转移，逐渐从粗放型到集约型、从传统型到创新型、从工业经济向知识经济发展过渡。与此相应的是工业设计活动从服务于单一产品开发跃升为支持企业展开系统性和平台化产品创新，其内涵更为丰富。本部分就工业经济之上的中国和知识经济之上的英国进行对比，对各自工业设计产业所处的背景环境加以分析。中国产业转型是工业化附以信息化同时进行，总体设计意识、产业结构和资源结构尚处在初级过渡阶段。而英国在经历了几百年的工业化历程后，在国家整体机制和意识、产业的相关政策法规、制度文化和价值观已经完善和成熟的情况下，设计产业从工业化向信息化的成功转型和顺利过渡。因此，中英工业设计观念存在高低的差异。同时，本部分重点以英国为参照，在当代工业设计产业的背景环境下找到契合中国工业设计的发展模式。

在研究中，内容借鉴"比较文学"的研究范式，采用平行比较的研究方法，对英国和中国两个不同社会的工业设计发展历程轨迹进行客观地互照、互对、互比、互识，察同辨异和分析论证。分析出存在于不同历史背景、不同经济形态，不同文化思想以及不同知识与信仰领域里两国工业设计发展中的共性、异质特征及其关系，总结出各自设计现象发生的内在逻辑、特殊性和缘由，清晰地呈现出推动和阻滞两国工业设计发展的问题。

6.2 研究的不足与展望

6.2.1 研究的不足

本书研究的目的之一是重新梳理中英两国近现代工业设计发展的历程轨迹，对中国工业设计"断代史"理论研究作补充和完善。但是由于研究的时间跨度较大，同时又涉及中国和英国两个研究对象，范围较广，使得本书的史料和信息量庞大。这其中不仅包括来工业生产领域的设计实践，工业化、产业化方面的相关的政策、制度以及激励机制，以及来自文化思想的影响因素。面对如此庞杂的史料和信息，清晰的逻辑关系和层次十分必要。因此，本书以"启"（启始阶段的萌发）、"承"（文化的承继）、"转"（经济的转型）、"合"（适合性的发展）为出发点，并对本书研究的时间进行界定，参照工业革命发展轨迹与工业4.0的概念划分，将工业社会按照技术演进概括为肇始、机械化、电气化、信息化，四个递进发展的阶段。通过对中英两国工业设计发展历程轨迹的通览，比较工业设计处在四个历史阶段下，不同的社会背景、经济形态、文化思想的生存土壤中，其发展所呈现的共性与异质特征。分析各自设计现象背后的内在逻辑、特殊性和缘由，进而总结出所存差异和问题。

　　但是限于个人能力，笔者认为本书研究存在着三个方面的不足有待进一步提高。一方面，对于英国的研究而言，应以第一手资料为佳，但是由于地域限制，无法充分掌握更多有价值一手参考。另外，某些资料由于无法考证而放弃使用，因此本研究以国内史料居多，只有一部分来自笔者直接翻译。并且，此种跨地域研究也不便于实地考察，因此无法做到直观的分析。另一方面，本书研究对象所涉及的资料庞大，在梳理的过程中难免会有疏漏。对于转引自其他专题研究中的史料，笔者多只做引证而已，并没有对其线索资料做进一步的引申查找。限于能力和精力，此部分做得还不够，后续可按此思路对文章论证做进一步史料拓展和丰富。同时，由于涉及史料和探讨内容较多，领域宽泛，使得这些论证显得不够深入，或多或少的存在泛泛而谈现象，有待后续的深度挖掘。

6.2.2　研究的展望

　　近年来，中国工业设计产业在市场需求的推动下，呈现出快速发展的态势。主要表现在产业规模持续扩大、企业设计创新意识逐步增强、工业设计涉及的业务领域不断拓宽、人力资源队伍迅速扩大、企业专利拥有量快速增加等方面。不仅如此，目前已经初步形成了环渤海、长三角和珠三角设计产业带，形成三足鼎立的格局。这些成果孕育着当代工业设计转型，推动着中国建设创新型社会的步伐。中国当代工业设计也在快速发展的道路上，逐渐形成了自己的发展模式。通过借鉴英国发展工业设计成功的历史经验，我国发展工业设计产业应从如下三个方面有所作为。

　　（1）国家层面

　　第一，国家引导发展为中心，制定国家工业设计振兴政策。工业设计的发展离不开政府政策的支持，而工业设计政策与国家产业战略更是密切相关。近几年来，随着我国制造业和服务业对工业设计需求的增加，国家产业政策力度逐渐加大，先后出台意见，确定了促进我国工业设计发展的基本要求、工作思路和发展目标，随后全国各地相继出台多项政策措施共同推进工业设计产业的发展，但深层次的问题尚未根本解决。因此，在下一阶段的工作中要针对实践中存在的问题进一步突出战略重点，破除障碍完善支持政策和服务措施，为工业设计产业发展和创新提供更好的条件和环境。

第二，设立工业设计政府管理机构，搭建工业设计基础设施，完善国家设计体系，加强工业设计产业生态建设。英国设计是典型的政府推广下产业发展的成功案例。其设计委员会先后设立的如Design Index等国家创新促进机制工具在产业成长的过程中发挥了巨大作用。我国工业设计产业发展同样需要国家层面发挥主体作用，加强对工业设计的组织、规划和引导，设立专门的管理机构实施系统的检测和评估，进而完善国家设计系统。同时，我国在进行工业设计能力建设的同时，需要建设与培育工业设计的消费市场，使创意产出与消费、分解得以平衡并持续均衡发展，这就需要营造良好的设计产业生态环境。

第三，加强工业设计理论研究和设计创新成果转化。当前高校科技成果转化涵盖"基础研究—应用研究—工程化研究—中试—产业化"全过程，创新链条长，环节多，每一环节都是在上一环节基础上的在创新，如不能推动创新成果和所包含的知识、技能、诀窍顺畅流转，就难以成功转化。因此，需要加快建立教育、科技、经济紧密结合，同时推进科技、金融和产业深度融合。加快完善高校科技成果转化激励机制，为成果转化增加动力，并在此基础上简化高校科技成果对外转化的审批程序，赋予高校更多的科技成果自主处置权和收益分配权。

第四，有效整合设计创新资源要素，推动设计产业集群发展。目前。我国已经初步形成了环渤海、长三角和珠三角等设计产业带，在此基础上，需要加强区域设计创新中心、设计行业协会以及设计网络与设计集群之间资源要素的有效整合，鼓励资源的流动与合作，促进工业设计与制造业融合，真正实现我国产业转型升级和品牌提升。

第五，加强工业设计价值的公众认同，建设工业设计产业生态环境。创意生态理论包括创意经济环境条件、生产者、消费者、分解者。脱胎于"以物为本"的传统经济生产关系已经不适应当先"以人为本"的创意经济生产力发展的要求。因此，我国在进行工业设计能力建设的同时，需要建设与培育工业设计的消费市场，使创意产出与消费、分解得以平衡并持续均衡发展，这就需要营造良好的设计产业生态环境。

（2）企业层面

目前，企业设计创新意识和动力仍然不够。国内企业设计研发投入普遍低于跨国公司。然而国内中小企业是吸纳、创造和转化科技成果的市场主体，是提高国家自主创新能力的重要力量。因此，需要加大具体政策支持力度，如对中小企业创新，按环节给予补贴，包括采购技术设备、开展研发、设计投入、引进和培养设计人才等。同时，积极培育创新孵化器，将技术、企业、资本紧密联系，从而促进中小企业创新产业集群式发展。并且加强知识产权保护体系建设。围绕创新链、产业链和商业生态环境，分领域构建专利、品牌、商标、版权和商业秘密、商业模式、商业标准等保护体系。

（3）教育层面

加快创新型及创业型人才培养。我国高等教育结构不适应经济社会发展的需要，造成高层次创新人才短缺。因此，急需要加强高校创新教育，培养具有实际操作能力的高层次专业人才，构建设计领导力。对于企业而言，设计领导力是以设计正确引导产品制造型企业的经营全过程，指导企业创新活动，对企业定位、远景规划、核心价值、竞争性商业策略等方面起着至关重要的作用。同时，在创新型人才的基础上培养创业型人才，这是当今高等教育发展的一个新趋势。

附录　相关图表

重要发明家一览表

姓氏	名字	所属工业部门
宏观性发明家		
阿克莱特 Arkwright	理查德 Richard	纺织业
卡特莱特 Cartwright	埃德蒙德 Edmund	纺织业
科特 Cort	亨利 Henry	冶金业
克隆普顿 Crompton	萨缪尔 Samuel	纺织业
达比 Darby	亚伯拉罕一世 Abraham Ⅰ	冶金业
哈格里夫斯 Hargreave	詹姆斯 James	纺织业
纽卡门 Newcomen	托马斯 Thomas	蒸汽机制造业
斯米顿 Smeaton	约翰 John	机器制造业
瓦特 Watt	詹姆斯 James	蒸汽机制造业
韦奇伍德 Wedgwood	乔赛亚 Josiah	陶瓷加工业
其他发明家		
阿斯特伯里 Astbury	约翰 John	陶瓷加工业
巴洛 Barlow	爱德华 Edward	钟表制造业
贝顿 Beighton	亨利 Henry	蒸汽机制造业
贝尔 Bell	托马斯 Thomas	纺织业
本瑟姆 Bentham	萨缪尔爵士 Sir Samuel	机器制造业
布斯 Booth	伊诺克 Enoch	陶瓷加工业
博尔顿 Boulton	马修 Matthew	蒸汽机制造业
布拉默 Bramah	约瑟夫 Joseph	机器制造业
布鲁克斯 Brooks	约翰 John	陶瓷加工业
查姆皮恩 Champion	约翰 John	冶金业

续表

姓氏	名字	所属工业部门
查姆皮恩 Champion	内赫米厄姆 Nehemiah	冶金业
查姆皮恩 Champion	威廉 William	冶金业
克拉克 Clerke	克莱门特爵士 Sir Clement	冶金业
科克伦 Cochrane	阿奇博尔德 Archibald	化学工业
库克沃西 Cookworthy	威廉 Willam	陶瓷加工业
达比 Darby	亚伯拉罕二世 Abraham Ⅱ	冶金业
德萨居利耶 Desaguliers	约翰西奥菲勒斯 John Theophilus	机器制造业
多隆德 Dollond	约翰 John	仪器设备制造业
德怀特 Dwright	约翰 John	陶瓷加工业
法蒂奥·德·杜利尔 Faccio De Duillier	尼古拉斯 Nicholas	钟表制造业
弗莱 Fry	托马斯 Thomas	陶瓷加工业
戈登 Grodon	卡思伯特 Cuthbert	化学工业
格雷汉姆 Graham	乔治 George	钟表制造业
哈德利 Hadley	约翰 John	远洋航海业
霍尔 Hall	切斯特.穆尔 Chester Moor	仪器设备制造业
哈利 Halley	埃德蒙德 Edmund	远洋航海业
汉伯里 Hanbury	约翰 John	冶金业
哈里森 Harrison	约翰 John	钟表制造业
亨得利 Hindley	亨利 Henry	机器制造业
霍姆 Home	弗朗西斯 Francis	化学工业
胡克 Hooke	罗伯特 Robert	机器制造业
霍恩布洛尔 Hornblower	乔纳森 Jonathan	蒸汽机制造业
亨茨曼 Huntsman	本杰明 Benjamin	冶金业
凯伊 Kay	约翰 John	纺织业
肯尼迪 Kennedy	约翰 John	纺织业

姓氏	名字	所属工业部门
尼布 Knibb	约瑟夫 Joseph	钟表制造业
利特勒 Littler	威廉 William	陶瓷加工业
洛姆 Lombe	约翰 John	纺织业
洛姆 Lombe	托马斯爵士 Sir Thomas	纺织业
麦金托什 Macintosh	查尔斯 Charles	化学工业
莫兹利 Maudslay	亨利 Henry	机器制造业
米克尔 Meikle	安德鲁 Andrew	机器制造业
马奇 Mudge	托马斯 Thomas	钟表制造业
默多克 Murdoch	威廉 William	机器制造业
穆拉伊 Murray	马修 Matthew	纺织业
奥本海姆 Oppenheim	迈耶 Mayer	化学工业
帕潘 Papin	丹尼斯 Denis	蒸汽机制造业
保罗 Paul	刘易斯 Lewis	纺织业
奎尔 Quare	丹尼尔 Daniel	钟表制造业
拉姆斯顿 Ramsden	杰西 Jesse	机器制造业
雷文斯克罗夫特 Ravenscroft	乔治 Grorge	化学工业
雷尼 Rennie	约翰 John	机器制造业
罗巴克 Roebuck	约翰 John	化学工业
萨德勒 Sadler	约翰 John	陶瓷加工业
萨弗里 Savery	托马斯 Thomas	蒸汽机制造业
肖特 Short	詹姆斯 James	仪器设备制造业
斯波德 Spode	乔赛亚一世 Josiah Ⅰ	陶瓷加工业
斯波德 Spode	乔赛亚二世 Josiah Ⅱ	陶瓷加工业
斯特拉特 Strutt	杰迪戴厄 Jedediah	纺织业

续表

姓氏	名字	所属工业部门
斯特拉特 Strutt	威廉 William	机器制造业
泰勒 Taylor	克莱门特 Clement	化学工业
坦南特 Tennant	查尔斯 Charles	化学工业
汤皮恩 Tompion	托马斯 Thomas	钟表制造业
特里维西克 Trevithick	理查德 Richard	蒸汽机制造业
沃尔 Wall	约翰 John	陶瓷加工业
沃德 Ward	乔舒亚 Joshua	化学工业
威尔金森 Wilkinson	伊萨克 Isaac	冶金业
威尔金森 Wilkinson	约翰 John	机器制造业
怀亚特 Wyatt	约翰 John	纺织业

（资料来源：[英]罗伯特·艾伦. 近代英国工业革命揭秘：放眼全球的深度透视[M]. 毛立坤，译. 杭州：浙江大学出版社，2012. ）

江南机器制造总局初期建置表

1865—1891年，占地400余亩（约256400平方米），3500多人	
1865—1867年占地70亩（约44800平方米），1200多人	1867年后新增
工程处　锅炉厂　木工厂　铸钢铁厂　熟铁厂　机器厂　轮船厂　枪厂　枪子厂　炮厂　炮弹厂　火药厂　水雷厂　炼钢厂　翻译馆　兵工学堂	

（资料来源：江南造船博物馆。）

建国初期全国主要行业独立手工业者比重

行业名称	占全部个体手工人数（%）	行业产值占全部手工业产值（%）
金属制品生产	8.18	6.03
木材加工工业	11.1	5.97
竹藤棕草软木制造	9.22	6.17
棉纺织	6.90	8.19
缝纫	11	13.62
陶瓷	1.13	0.57
工艺美术业	1.05	

（资料来源：中国科学院经济研究所. 1954年全国个体手工业调查资料[M]. 北京：生活·读书·新知三联书店，1957. ）

恢复时期手工业生产发展情况

	1949年		1952年	
	绝对数	比重	绝对数	比重
手工业总产值（亿元）	32.4	100	73.1	100
其中：手工业合作社	0.2	0.6	2.5	3.4
自营手工业	32.2	99.4	70.6	96.6
从业人员（万人）	594.4	100	736.4	100
其中：手工业合作社	8.9	1.5	22.8	3.1
自营手工业	585.5	98.5	713.6	96.9

（资料来源：国家统计局工业交通物资统计司.中国工业的发展统计资料（1949—1984）[M].北京：中国统计出版社，1985:46.）

主要手工业品出口量指数（1931年为100）

年份	五项出口量总和	茶叶、绣花、药材等	毛地毯	草帽辫	草帽	渔网
1949年	68.60	23.3	86.80	59.20	42.20	1482.00
1950年	136.80	105.40	265.20	94.40	42.60	843.10
1951年	74.90	64.60	64.20	110.40	29.50	691.90
1952年	85.60	58.50	125.00	173.50	58.10	1037.20

（资料来源：据海关统计资料。赵艺文.我国手工业的发展和改造[M].北京：中国财政经济出版社，1956:28.）

恢复时期手工业合作社的发展

年别	社数	人数	产值指数	手工业合作社产值占工业总产值（%）
1949年	311	88941	100	0.4
1950年	1321	264122	266	0.8
1951年	1068	139613	896	2.2
1952年	3457	22786	2037	3.5

（资料来源：赵艺文.我国手工业的发展和改造[M].北京：中国财政经济出版社，1956:37.）

恢复时期工业总产值中各种经济形式的变化

年份	合计	全民所有制工业	集体所有制工业	公私合营工业	个体手工业	私营工业	其中加工订货
绝对值（亿元）							
1949	140	36.8	0.7	2.2	32.2	68.2	
1952	343	142.6	11.2	13.7	70.6	105.2	

续表

年份	合计	全民所有制工业	集体所有制工业	公私合营工业	个体手工业	私营工业	其中加工订货
比重							
1949	100	26.2	0.5	1.6	23.0	48.7	8.11
1952	100	41.5	3.3	4.0	20.6	30.6	56.98

（资料来源：国家统计局工业交通物资统计司. 中国工业的发展统计资料（1949—1984）[M]. 北京：中国统计出版社，1985:46. 国家统计局. 伟大的十年[M]. 北京：人民出版社，1959.）

"一五"期间轻重工业投资额比较

年份	投资额（亿元）		占全部投资比重（%）		重/轻
	轻工业	重工业	轻工业	重工业	
1953	4.98	23.36	5.5	25.8	4.69
1954	6.74	31.63	6.8	31.9	4.69
1955	5.27	37.68	5.3	37.5	7.15
1956	9.44	58.76	6.1	37.8	6.23
1957	11.04	61.36	7.7	42.8	5.56
合计	37.47	212.79	6.4	36.2	5.68

（资料来源：国家统计局固定资产统计司. 中国固定资产统计资料[M]. 北京：中国统计出版社，1987:97.）

"一五"期间中国工业经济所有制形式的变化

年份	合计	全民所有制工业	集体所有制工业	公私合营工业	私营工业	个体手工业
绝对额（亿元）						
1952	343	142.6	11.2	13.7	105.2	70.6
1953	447	192.4	17.3	20.1	131.1	86.1
1954	520	244.9	27.7	50.8	103.4	92.9
1955	549	281.4	41.6	71.9	72.7	81.1
1956	703	383.8	120.1	191.1	0.3	8.3
1957	784	421.5	149.2	206.3	0.4	6.5
比重						
1952	100	41.5	3.3	4.0	30.6	20.6
1953	100	43.0	3.9	4.5	29.3	19.3
1954	100	47.1	5.3	9.8	19.9	17.9
1955	100	51.3	7.6	13.1	13.2	14.8

年份	合计	全民所有制工业	集体所有制工业	公私合营工业	私营工业	个体手工业
1956	100	54.5	17.1	17.2	0.04	1.2
1957	100	53.8	19.0	26.3	0.1	0.8

（资料来源：国家统计局工业交通物资统计司.中国工业的发展统计资料（1949—1984）[M].北京：中国统计出版社，1985:45.）

"一五"期间私营工业加工订货产值

	1952年	1953年	1954年	1955年
私营工业总产值（亿元）	105.26	131.09	103.41	72.66
国家加工、订货、包销、收购的产品价值（亿元）	58.98	81.07	81.21	59.35
指数（以1949年为100）	727	1000	1001	732
国家加工订货等产品价值占私营工业总产值比重%	56	62	79	82

（资料来源：中国社会科学院经济研究所.中国资本主义工商业的社会主义改造[M].北京：人民出版社，1978.注：不包括公私合营工业产值。）

1949—1955年私营工厂公有化改造发展情况

	1949年	1950年	1951年	1952年	1953年	1954年	1955年
公私合营工业户数	193	294	706	997	1036	1744	3193
职工人数（万人）	10.54	13.09	16.63	24.78	27.01	53.33	78.49
总产值（亿元）	2.20	4.14	8.06	13.67	20.13	51.10	71.88
指数%	100	189	367	623	917	2328	3274
占全部工业总产值的比重%	2.0	2.9	4.0	5.0	5.7	12.3	16.1

（资料来源：中国社会科学院经济研究所.中国资本主义工商业的社会主义改造[M].北京：人民出版社，1978.）

1956年私营工业公有化改造情况

	户数	职工人数（万人）	总产值
1955年底原有私营工业	88800	131	72.66
1956年内已经改造的私营工业	87930	129.6	72.37
其中：1.实行公私合营的	64230	107.5	65.45
2.转入地方国营的	1000	2.3	0.98
3.划归手工业改造的	15600	11.7	2.99
4.其他（主要转为商业部门的）	7100	8.1	2.95

续表

	户数	职工人数（万人）	总产值
改造面（%）	99	98.9	99.6
1956年底尚未改造的私营工业	870	1.4	0.29

（资料来源：中国社会科学院经济研究所. 中国资本主义工商业的社会主义改造[M]. 北京：人民出版社，1978:301.）

手工业社会主义改造情况表

年份	从业人员（万人）			比重（%）以从业人员总数为100	
	总数	合作化手工业	个体手工业	合作化手工业	个体手工业
1952	736.4	22.8	713.6	3.1	96.9
1953	778.9	30.1	748.8	3.9	96.1
1954	891.0	121.3	769.7	13.6	86.4
1955	820.2	220.6	599.6	26.9	73.1
1956	658.3	603.9	54.5	91.7	8.3

（资料来源：中国社会科学院经济研究所. 中国资本主义工商业的社会主义改造[M]. 北京：人民出版社，1978.）

第一个五年计划工业生产产值计划增长指标（产值单位：亿元）

	1952年	1957年	计划增长%	计划年增长率%
工农业总产值（包括手工业者）	827.1	1249.9	51.1	8.6
其中：现代工业所占比重（%）	26.7	36		
工业生产总值（不含手工业）	270.1	535.6	98.3	14.7
其中：生产资料所占比重（%）	39.7	45.4		17.8
消费资料所占比重：（%）	60.3	54.6		12.4
手工业生产总值	73.1	117.7	60.9	9.9
其中：手工业生产合作社产值	2.5	31.9	11.9倍	67

（资料来源：中华人民共和国发展国民经济的第一个五年计划（1953—1957）[M]. 北京：人民出版社，1955.）

"一五"期间中国工业经济所有制形式的变化

年份	合计	全民所有制工业	集体所有制工业	公私合营工业	私营工业	个体手工业
绝对额（亿元）						
1952	343	142.6	11.2	13.7	105.2	70.6
1953	447	192.4	17.3	20.1	131.1	86.1

续表

年份	合计	全民所有制工业	集体所有制工业	公私合营工业	私营工业	个体手工业
1954	520	244.9	27.7	50.8	103.4	92.9
1955	549	281.4	41.6	71.9	72.7	81.1
1956	703	383.8	120.1	191.1	0.3	8.3
1957	784	421.5	149.2	206.3	0.4	6.5
比重						
1952	100	41.5	3.3	4.0	30.6	20.6
1953	100	43.0	3.9	4.5	29.3	19.3
1954	100	47.1	5.3	9.8	19.9	17.9
1955	100	51.3	7.6	13.1	13.2	14.8
1956	100	54.5	17.1	27.2	0.04	1.2
1957	100	53.8	19.0	26.3	0.1	0.8

（资料来源：国家统计局工业交通物资统计司. 中国工业的发展统计资料（1949—1984）[M]. 北京：中国统计出版社，1985.）

各时期全国投资总额中农、轻、重投资所占比重（%）

	"一五"时期	"二五"时期	1963—1965年	"三五"时期	"四五"时期
全国投资总额	100	100	100	100	
工业合计	45.5	61.4	52.1	59.2	58.2
轻工业	6.8	6.5	4.1	4.7	6.1
重工业	38.7	54.9	48.0	54.5	52.1
农业合计	7.6	11.4	18.4	11.4	10.3
（农林水利气象）					

（资料来源：国家统计局工业交通物资统计司. 中国工业的发展统计资料（1949—1984）[M]. 北京：中国统计出版社，1985.）

中国工业主要产品居世界位次

产品名称	1985年	1996年
钢	4	1
煤	2	1
原油	6	5
发电量	5	2

续表

产品名称	1985年	1996年
水泥	4	1
化肥	3	2
化学纤维布	1	1
电视机	3	1

（资料来源：国家统计局工业交通司.中国工业经济统计年鉴（1998年）[M].北京：中国统计出版社，1998.）

我国主要工业设计园区

	主要园区
深圳	深圳设计之都创意产业园、深圳F518时尚创意园、深圳设计产业园
北京	北京DRC工业设计创意产业基地、国家新媒体产业基地、751时尚设计广场、北京尚8文化创意产业园
上海	上海市8号桥设计创意园、上海国际工业设计中心、上海国际设计交流中心
广州	广州设计港、广州创意大道、信义会馆
重庆	五里店工业设计中心
厦门	厦门G3创意空间
无锡	无锡（国家）工业设计园
南京	南京模范路科技创新园区、南京紫东国际创意园
江苏	江苏（太仓）LOFT工业设计园
大连	大连高新技术产业园区
宁波	宁波和丰创意广场
顺德	广东顺德工业设计园
山东	青岛创意100产业园
浙江	绍兴轻纺城名师创意园、富阳银湖科创园、杭州经纬国际创意广场、杭州和达创意设计园
成都	成都红星路35号工业设计示范园区
河南	郑州金水文化创意园

（资料来源：中国工业设计协会.中国工业设计年鉴2006[M].北京：知识产权出版社，2006.）